Die Roten Hefte im Überblick:

1. Kurt Klingsohr
   Verbrennen und Löschen
   17. Auflage. 112 Seiten
   € 8,40
   ISBN 3-17-016993-9

2. Christoph Lamers
   Ausbilden im Feuerwehrdienst
   15. Auflage. 136 Seiten. € 9,80
   ISBN 3-17-017463-0

3a. Ferdinand Tretzel
   Leinen, Seile, Hebezeuge
   Teil 1: Stiche, Knoten und Bunde
   15. Auflage. Ca. 120 Seiten
   Ca. € 9,–
   ISBN 3-17-017330-8

3b. Ferdinand Tretzel
   Leinen, Seile, Hebezeuge
   Teil 2: Ziehen und Heben
   14. Auflage. 136 Seiten. € 9,20
   ISBN 3-17-015547-4

4. Lutz Rieck
   Die Tragkraftspritze mit Volkswagen-Industriemotor
   15. Auflage. 88 Seiten. € 7,–
   ISBN 3-17-013974-6

5. Wolfgang Hamberger
   Sicherheitstechnische Kennzahlen brennbarer Stoffe
   184 Seiten. € 10,–
   ISBN 3-17-012221-5

6. Lutz Rieck
   Feuerlöscharmaturen
   11. Auflage. 120 Seiten. € 8,–
   ISBN 3-17-015171-1

7. Franz Anton Schneider
   Löschwasserförderung
   14. Auflage. 80 Seiten. € 7,–
   ISBN 3-17-013208-3

8a. Josef und Dieter Schütz
   Feuerwehrfahrzeuge Teil 1
   Typenbezeichnung, Kurzzeichen und allgemeine Anforderungen an Fahrgestell, Aufbau, löschtechnische Einrichtungen und Beladelisten der Löschfahrzeuge
   11. Auflage. 160 Seiten. € 8,90
   ISBN 3-17-013954-1

8b. Josef und Dieter Schütz
   Feuerwehrfahrzeuge Teil 2
   Beschreibungen der Hubrettungsfahrzeuge, Rüst-, Geräte-, Rettungs- und Krankentransportwagen
   11. Auflage. 136 Seiten. € 8,90
   ISBN 3-17-014285-2

9. Hermann Schröder
   Brandeinsatz
   Praktische Hinweise für den Gruppen- und Zugführer
   Ca. 110 Seiten. Ca. € 7,–
   ISBN 3-17-012267-3

10. Hermann Schröder
    Einsatztaktik für den Gruppenführer
    16. Auflage. 120 Seiten
    € 9,–
    ISBN 3-17-017322-7

11. Kurt Klösters

12 Kurt Klösters
**Kraftspritzen –
Sicherheit durch Wartung**
2. Auflage. 180 Seiten. € 9,20
ISBN 3-17-014284-4

13 Axel Häger
Baukunde
140 Seiten. € 8,–
ISBN 3-17-013817-0

14 Reimund Roß
Peter Symanowski
Feuerlöscher
10. Auflage. 76 Seiten. € 7,–
ISBN 3-17-016720-0

15 Karl-Heinz Knorr
Atemschutz
13. Auflage. 128 Seiten. € 9,–
ISBN 3-17-017429-0

17 Jürgen Kallenbach
**Arbeitsschutz und
Unfallverhütung
bei den Feuerwehren**
7. Auflage. 104 Seiten. € 8,–
ISBN 3-17-012349-1

18 Ferdinand Tretzel
**Formeln, Tabellen
und Wissenswertes
für die Feuerwehr**
7. Auflage. 224 Seiten. € 10,–
ISBN 3-17-014286-0

19 Thomas Brandt
Sebastian Wirtz
**Erste Hilfe
im Einsatzdienst**
172 Seiten
€ 11,50
ISBN 3-17-016925-4

21 Karl-Heinz Knorr
Jochen Maaß
**Öffentlichkeitsarbeit
in der Feuerwehr**
88 Seiten. € 7,–
ISBN 3-17-012345-9

23 Klaus Schneider
**Feuerwehr
im Straßenverkehr**
2. Auflage. 100 Seiten. € 7,–
ISBN 3-17-013818-9

24 Herbert Rust
Wilhelm Rust
Feuerwehr-Einsatzübungen
9. Auflage. 84 Seiten. € 8,–
ISBN 3-17-017071-6

25 Frieder Kircher
Vorbeugender Brandschutz
Ca. 120 Seiten. Ca. € 10,–
ISBN 3-17-016996-3

26 Peter Lex
**Bekämpfung von Waldbränden,
Moorbränden, Heidebränden**
4. Auflage. 168 Seiten. € 9,20
ISBN 3-17-014033-7

27a Lutz Rieck
Die Löschwasserversorgung
Teil 1: Die zentrale Wasser-
versorgung
4. Auflage. 112 Seiten. € 7,–
ISBN 3-17-015011-1

27b Ludwig Timmer
Die Löschwasserversorgung
Teil 2: Die unabhängige
Löschwasserversorgung
4. Auflage. 84 Seiten. € 7,–
ISBN 3-17-013076-5

Fortsetzung auf Seite III am Schluß des Textes

Rotes Heft 2

Ausbilden im Feuerwehrdienst

von
Oberbrandrat Dipl.-Phys. Dr. Christoph Lamers

15. Auflage
2003

Verlag W. Kohlhammer

15. Auflage 2003
ISBN 3-17-017463-0

Alle Rechte vorbehalten
© 2003 W. Kohlhammer GmbH Stuttgart
Gesamtherstellung: W. Kohlhammer Druckerei GmbH + Co.
Stuttgart
Printed in Germany

Inhaltsverzeichnis

Vorwort 6

1   Einführung 8
1.1 Ein Fallbeispiel 8
1.2 Der Didaktische Kurzschluss 10

2   Grundlegende Begriffe 13

3   Grundlagen des Lernens 16
3.1 Aufnahme, Weiterleitung und Speicherung
     von Informationen im Gedächtnis 16
3.2 Eingangskanäle, Vernetzung, Assoziationen ... 20
3.3 Lern- und Denkblockaden 22

4   Die Gestaltung der Ausbildung 26
4.1 Grundsätze für die Gestaltung der Ausbildung ... 26
4.2 Konkrete Hinweise zur Unterrichtsgestaltung .. 29

5   Das Didaktische Achteck 35

6   Lernziele 38
6.1 Lernzielklassen 39
6.2 Lernzielarten 41

6.3	Lernzielstufen	43
6.4	Formulierung von Lernzielen	45
6.5	Umgang mit Lernzielkatalogen	46
7	**Der Ausbilder**	49
7.1	Kompetenz des Ausbilders	49
7.2	Soziale Kompetenz	51
8	**Die Ausbildungsgruppe**	54
8.1	Analyse der Ausbildungsgruppe	54
8.2	Umgang mit Störungen	57
9	**Ausbildungsinhalte**	59
9.1	Gliederung einer Unterrichtseinheit	59
9.2	Basis-, Aufbau- und Hintergrundwissen	62
10	**Methoden im theoretischen Unterricht**	65
10.1	Lehrvortrag	67
10.2	Lehrgespräch	70
10.3	Gruppenarbeit	74
10.4	Andere Unterrichtsmethoden	78
11	**Methoden der praktischen Ausbildung**	80
11.1	Demonstration	81
11.2	Stufenmethode	85
11.3	Einsatzübung	89
11.4	Planspiel, Planübung	94
11.5	Andere Methoden der praktischen Ausbildung	99

12	**Ausbildungsmittel**	101
12.1	Wandtafel	101
12.2	Overhead-Projektor	104
12.3	Videobeamer	111
12.4	Metaplanwand	113
12.5	Flipchart	116
12.6	Andere Ausbildungsmittel	119
13	**Organisatorische Bedingungen**	120
14	**Erfolgskontrolle**	125
14.1	Schriftliche Prüfungen	126
14.2	Mündliche und praktische Prüfungen	130
15	**Handzettel für die Ausbildung**	133
Literaturverzeichnis		135

Vorwort

Wie in vielen Lebensbereichen stellt auch bei der Feuerwehr der Mensch – aller aufwändigen Technik zum Trotz – die wichtigste Ressource dar. Damit aber Menschen als Einsatzkräfte der Feuerwehr wirksam tätig werden können, ist eine fundierte Ausbildung unerlässlich. Natürlich wird bei der Feuerwehr intensiv Ausbildung betrieben; manchmal gewinnt man jedoch den Eindruck, dass der einzelne Ausbilder mit seinem Ausbildungsauftrag alleingelassen wird und kaum Anleitung erfährt, wie er seine Ausbildung vorbereiten und durchführen soll. Die Erfahrung zeigt jedoch, dass die fachliche Qualifikation allein für eine erfolgreiche Ausbildertätigkeit nicht ausreicht, sondern unbedingt durch methodisch-didaktische und auch soziale Kompetenz ergänzt werden muss. Zielsetzung dieses Roten Heftes ist es, den künftigen und auch den schon aktiven Ausbilder bei der Feuerwehr beim Ausbau seiner Ausbilder-Kompetenz zu unterstützen.

Dazu werden zunächst die Grundlagen menschlichen Lernens erläutert und daraus Konsequenzen für die Gestaltung von Ausbildung abgeleitet. Anschließend werden systematisch alle Faktoren behandelt, die bei der Ausbildung eine Rolle spielen, wobei das Modell des »Didaktischen Achtecks« zugrundegelegt wird. Dabei wird sowohl auf den theoretischen Unterricht als auch auf die praktische Ausbildung eingegangen. Die Aussagen werden jeweils anhand von Beispielen aus der Ausbildungspraxis der Feuerwehr ausführlich erläutert.

Dieses Rote Heft in der hier vorliegenden 15. Auflage knüpft an die 14. Auflage an, die von Herrn Branddirektor a. D. Dipl.-Ing. Heinz Bartels erstellt worden ist. Auch wenn in der 14. Auflage die Inhalte kompetent und schlüssig dargestellt wurden, habe ich mich als Autor der 15. Auflage zu einer vollständig neuen Fassung entschlossen. Jedoch werden bis auf wenige Ausnahmen alle in der 14. Auflage dargestellten Inhalte auch hier behandelt; einige Aspekte, wie etwa die Grundlagen des Lernens, die Durchführung von Erfolgskontrollen und neuartige Ausbildungsmittel wie Metaplanwand und Videobeamer sind ganz neu in das Heft aufgenommen worden.

In diesem Heft wird bewusst darauf verzichtet, Wörter und Begriffe jeweils in weiblicher und männlicher Form zu verwenden. Dies erfolgt jedoch lediglich zugunsten einer besseren Lesbarkeit und stellt keine Diskriminierung weiblicher Feuerwehrangehöriger dar.

Ich möchte an dieser Stelle all denjenigen danken, die mit mir in Fragen der Methodik/Didaktik und der Feuerwehrtechnik täglich am Institut der Feuerwehr Nordrhein-Westfalen zusammenarbeiten und mich so bei der Erstellung dieses Heftes unterstützt haben, insbesondere meinen Mitarbeitern Dipl.-Ing. Christian Günthner und Rüdiger Schäfer, die auch inhaltliche Beiträge und Abbildungen beigesteuert haben, und Oliver Wegner. Bedanken möchte ich mich aber auch bei Oberstleutnant Widerski und Oberst Schwier von der Führungsakademie der Bundeswehr in Hamburg, bei denen ich im Zuge des Lehrgangs für Lehrstabsoffiziere viel über Methodik und Didaktik lernen konnte.

1 Einführung

1.1 Ein Fallbeispiel

Hauptbrandmeister Dienstbar ist Zugführer in einer Freiwilligen Feuerwehr und dort auch in der Ausbildung tätig. Er erhält nun von seinem Wehrführer den Auftrag, als ausgewiesener Experte für Feuerwehrtechnik den Unterricht im Fach »Fahrzeugkunde« im Lehrgang für Truppmänner durchzuführen. Hauptbrandmeister Dienstbar kommt diesem Auftrag mit großem Eifer nach und beginnt sogleich mit der Sammlung von Materialien für diesen Unterricht. Er wertet dazu DIN-Normen für Feuerwehrfahrzeuge, Beladelisten vorhandener Fahrzeuge und diverse Fachbücher zu diesem Thema aus und fertigt eine Vielzahl von Fotos der verschiedenen Einsatzfahrzeuge der Gemeinde an. Bei diesen Aktivitäten erweisen sich sein umfangreiches Fachwissen über Feuerwehrfahrzeuge und seine jahrzehntelange Diensterfahrung bei der Feuerwehr als sehr hilfreich.

Da Hauptbrandmeister Dienstbar durch seinen Beruf über ein Notebook und einen Videobeamer verfügt, beschließt er, diese als Ausbildungsmittel einzusetzen und seinen Unterricht weitgehend mit Hilfe einer Präsentation über Videobeamer zu gestalten. Nach wochenlangen Vorbereitungen hat er schließlich eine aufwändige Präsentation erstellt, die alle wichtigen Begriffe der Fahrzeugtechnik der Feuerwehr, die gesamte Systematik der genormten Feuerwehrfahrzeuge und die Beladung aller wesentlichen Normfahrzeuge darstellt. Dabei wird auch ein Blick auf die alten, bis Anfang der 1990er Jahre gültigen Fahrzeugnormen nicht vergessen, da in einigen Gerätehäusern der Gemeinde noch Fahrzeuge nach diesen Normen anzutreffen sind. Selbstverständlich werden alle Aussagen der Präsentation durch umfangreiches Bildmaterial erläutert; die gesamte Präsentation ist grafisch anspruchsvoll gestaltet und vollständig animiert.

Als dann der Zeitpunkt des Unterrichts in Fahrzeugkunde gekommen ist, hält Hauptbrandmeister Dienstbar seinen sorgfältig ausgearbeiteten Vortrag mit Unterstützung der vorbereiteten computeranimierten Präsentation ohne nennenswerte Probleme; die angehenden Truppmänner der Freiwilligen Feuerwehr sind sichtlich beeindruckt. Als Hauptbrandmeister Dienstbar nachher fragt, ob alles verstanden wurde, erntet er zustimmendes Nicken; Nachfragen gibt es nicht.

Kurz darauf findet dann die Prüfung für diesen Lehrgang statt, bei der Hauptbrandmeister Dienstbar allerdings eine gewaltige Enttäuschung erleben muss: Bei der Durchsicht der Fragen, die zur Fahrzeugkunde gestellt wurden, muss er zur Kenntnis nehmen, dass der Wissensstand der Lehrgangsteilnehmer sehr dürftig war. Nicht wenige geben unrichtigerweise an, dass das Löschgruppenfahrzeug LF 8/6 über eine Vorbaupumpe und eine ins Heck eingeschobene Tragkraftspritze verfügt; den meisten fällt zur Beladung des Rüstwagens RW 2 nicht viel mehr als »Seilwinde« und »Notstromgerät« ein (wobei es Hauptbrandmeister Dienstbar besonders ärgert, dass nicht einmal die korrekten Begriffe »maschinelle Zugeinrichtung« und »Stromerzeuger« verwendet werden);

und einige sind sogar außerstande, eine Normbezeichnung wie »LF 16/12« richtig zu erläutern.

Als Hauptbrandmeister Dienstbar vom Wehrführer auf diese unbefriedigenden Ergebnisse angesprochen wird, weiß er sich keinen Reim darauf zu machen. Er versichert dem Wehrführer immer wieder, dass er diese Dinge, die in der Prüfung nicht beherrscht wurden, in seinem Unterricht angesprochen hat und kann dies anhand der Präsentation sogar belegen. Er ist absolut ratlos, warum von seinem Unterricht, den er mit so viel Sachverstand und Aufwand vorbereitet hat, so wenig hängen geblieben ist.

1.2 Der Didaktische Kurzschluss

Was ist in dem zuvor geschilderten Fallbeispiel schiefgelaufen? Es ist offensichtlich, dass Hauptbrandmeister Dienstbar bei seiner Ausbildertätigkeit dem sogenannten *»Didaktischen Kurzschluss«* erlegen ist. Dies beschreibt den häufigen Irrtum von Ausbildern, das von Ihnen in der Ausbildung gesagte mit dem vom Lernenden behaltenen gleichzusetzen. Natürlich ist der Kurzschluss »vom Ausbilder gesagt = vom Lernenden behalten« häufig nicht richtig; vielmehr kann man plakativ formulieren:

> Gesagt ist nicht gehört.
> Gehört ist nicht verstanden.
> Verstanden ist nicht behalten.

Wendet man dies auf unser Fallbeispiel an, so lassen sich diese Aussagen leicht nachvollziehen. Selbstverständlich hat Hauptbrandmeister Dienstbar all das, was nachher in der Prüfung abverlangt, aber von den Truppmann-Anwärtern nicht beherrscht wurde, in der Ausbildung gesagt. Dies bedeutet noch lange nicht, dass auch alle Lernenden dies gehört haben. Vielmehr liegt es nahe, dass zumindest einige der Lernenden trotz guten Willens nach einiger Zeit angesichts der Fülle von Begriffen, Daten und Bildern im Vortrag von Hauptbrandmeister Dienstbar kapituliert und nicht mehr zugehört haben. Selbst bei denjenigen, die es geschafft haben, während dieser gesamten optischen und akustischen Materialschlacht bis zum Ende aufmerksam zu bleiben, ist es zweifelhaft, ob sie die Inhalte wirklich verstanden haben. Und selbst wenn einige der Lernenden tatsächlich in der Lage waren, all diese geballt präsentierten Informationen zu verstehen, haben sie diese offensichtlich nicht so behalten, dass sie sie in einer Prüfungssituation wiedergeben konnten.

Als Schlussfolgerung aus unserem Fallbeispiel ergibt sich, dass es nicht genügt, als Ausbilder einen Sachverhalt im Unterricht oder in einer anderen Ausbildungssituation anzusprechen, damit die Lernenden ihn behalten. Neben seiner Fachkompetenz muss der Ausbilder auch über Kenntnisse über die Gestaltung von Ausbildung verfügen, um einen Lernerfolg zu gewährleisten. Nur der Ausbilder, der sich damit beschäftigt, wie Menschen lernen, wie man Ausbildung plant und wie man Ausbildungsverfahren und -mittel richtig einsetzt, wird nachhaltige Erfolge bei der Ausbildung erzielen. Ziel der nachfolgenden Kapitel ist es, dem schon aktiven oder auch dem zukünftigen Ausbilder bei der Feuerwehr dieses Wissen zu vermitteln.

Dazu werden zunächst die Grundlagen menschlichen Lernens – auch in biologischer Hinsicht – vermittelt und daraus Konsequenzen für die Gestaltung der Ausbildung abgeleitet. Anschließend werden alle Faktoren, die für die ==Vorbereitung und Durchführung von Ausbildung== – sei es nun theoretischer Unterricht oder praktische Ausbildung – von Bedeutung sind, im Einzelnen angesprochen. Schwerpunkte sind dabei der Umgang mit Lernzielen, die Beherrschung der bei der Feuerwehr wichtigen Ausbildungsverfahren und der richtige Umgang mit Ausbildungsmitteln.

2 Grundlegende Begriffe

Bevor man sich mit den Grundlagen des Lernens beschäftigt, muss man sich klarmachen, was man unter *»Lernen«* versteht. Als eine sehr allgemeingültige Definition hat sich die folgende erwiesen [13]:

> Lernen heißt Erfahrungen machen zum Zwecke einer Verhaltensänderung.

Ein Mensch lernt bewusst oder unbewusst in vielen Lebenssituationen, indem er Informationen aufnimmt, auswertet und im Gedächtnis speichert. In späteren Situationen wird er auf diese gespeicherten Erfahrungen zurückgreifen und sich damit anders verhalten, als wenn er diese Erfahrung nicht gemacht, also nicht gelernt hätte. Mit dieser Definition werden nahezu alle Aspekte des Lernens abgedeckt. Dies soll an zwei Beispielen verdeutlicht werden:

1. Ein angehender Feuerwehrangehöriger besteigt im Rahmen der Ausbildung »Tragbare Leitern« eine Steckleiter. Dabei macht er die Erfahrung, dass die Leiter sicher besteigbar ist, wenn sie richtig aufgestellt und gesichert ist und er sie wie in der FwDV 10 beschrieben besteigt. Diese Erfahrung verleiht ihm Sicherheit beim Leitersteigen; die bei der Ausbildung eintretende Verhaltensänderung durch die zunehmende Gewöhnung ist für jeden Beobachter erkennbar.

2. Ein angehender Feuerwehrangehöriger bekommt im Unterricht »Gefahren der Einsatzstelle« vermittelt, welche Anzeichen auf einen drohenden Einsturz einer Balkenkonstruktion hindeuten, wie etwa Abbrand von Knotenpunkten, Abbrand von mehr als der Hälfte des Balkenquerschnitts und Knack- und Knirschgeräusche der Balken. Dies bewirkt bei ihm, dass er bei einem späteren Innenangriff auf diese Anzeichen achtet und sich zurückzieht, wenn seine Sicherheit nicht mehr gewährleistet ist.

Aus der obigen Definition des Lernens geht hervor, dass ein Lernender völlig eigenständig lernen kann; er muss nur einen Weg finden, die entsprechenden Erfahrungen zu machen, die die angestrebte Verhaltensänderung bewirken. In vielen Fällen laufen Lernprozesse aber sehr viel effektiver ab, wenn der Lernende dabei Hilfestellungen erhält. Die Tätigkeit, einem Lernenden diese Hilfestellungen zu geben, bezeichnet man meist als *Lehren*. Damit ergibt sich als Definition des Lehrens [13]:

> Lehren heißt dem Lernenden Hilfestellungen geben, damit diese Verhaltensänderungen eintreten.

Aufgabe des Lehrenden ist demnach, die Aufnahme, Auswertung und Speicherung von Erfahrungen so zu ermöglichen, dass die gewünschte Verhaltensänderung in künftigen Situationen tatsächlich eintritt.

Bereits in der Einführung haben wir gesehen, dass es nicht ausreicht, über Wissen und Erfahrung bezüglich einer Sache zu verfügen, um diese in der Lehre wirksam zu vermitteln. Mit den Fragestellungen, wie möglichst effektiv gelernt und gelehrt wird, beschäftigen sich *Methodik* und *Didaktik*. Dabei unterscheidet man:

Didaktik: Lehre vom Lernen und Lehren. Sie befasst sich mit der Frage, *was* in der Ausbildung vermittelt werden soll und *warum*, also im Wesentlichen mit der Auswahl und Festlegung von Lernzielen und Lerninhalten.

Methodik: Lehre der Unterrichtsmethoden. Hier befasst man sich damit, wie Ausbildung gestaltet werden soll, welche Unterrichtsmethoden zur Erreichung der Lernziele verwendet werden und wie diese Unterrichtsmethoden möglichst effektiv eingesetzt werden.

3 Grundlagen des Lernens

Die Teilnahme an einem auch nur achttägigen Unterrichtskursus stellt aber an viele freiwillige Feuerwehrleute nicht unerhebliche geistige Anforderungen. Selbst wenn mehrjährige Feuerwehrpraxis vorhergegangen ist und die Grundbegriffe des auf der Schule gebotenen Lehrstoffes beherrscht werden, stürmt auf den Kursisten während des achttägigen Schulkurses eine solche Menge von Neuem ein, dass seine geistige Verarbeitung direkt unmöglich erscheint.

Landesbranddirektor Schmiedel: *»Der Rheinische Feuerwehrmann«* Nr. 6, 7. Jahrgang Juni 1930

3.1 Aufnahme, Weiterleitung und Speicherung von Informationen im Gedächtnis

Im Kapitel 2 haben wir gesehen, dass man »Lernen« als die Verarbeitung von Erfahrungen zum Zwecke einer Verhaltensänderung definieren kann. Damit der Mensch diese Erfahrungen überhaupt machen kann, muss er Informationen aus der Außenwelt mit den Sinnesorganen aufnehmen. Anschließend müssen diese Informationen an das Gehirn weitergeleitet und dort verarbeitet werden. Eine Verhaltensänderung kann aber nur dann eintreten, wenn diese Informationen dauerhaft im Gehirn gespeichert werden, damit sie in künftigen Situationen auch tatsächlich zur Verfügung stehen.

Die biologischen Abläufe bei der Verarbeitung und Speicherung von Informationen im menschlichen Gehirn werden im Folgenden in den Grundzügen erläutert; die Darstellung lehnt sich dabei an die in [16] an. Damit verstehen wir, wie Lernprozesse möglichst effektiv ablaufen, wie sie aber auch durch störende Einflüsse behindert werden können. Die Aufgabe des Lehrenden besteht darin, die Ausbildung unter Berücksichtigung dieser Tatsachen optimal zu gestalten. Ziel dabei ist, Ausbildungsinhalte so zu vermitteln, dass dem Lernenden die dauerhafte Speicherung im Gedächtnis möglichst leicht fällt.

Der allererste Schritt eines Lernprozesses besteht darin, dass ein Mensch Informationen mit seinen Sinnesorganen als Sehen, Hören, Riechen, Schmecken oder Tasten aufnimmt. Diese Reizungen der *Sinnesorgane* werden in elektrische Impulse umgewandelt, die von den *Nervenfasern* an das Gehirn weitergeleitet werden. Im Gehirn wird diese als elektrischer Impuls eingelaufene Information weiterverarbeitet, indem schwache elektrische Ströme zwischen miteinander in Verbindung stehenden *Nervenzellen* fließen. Unter bestimmten Umständen wird die weiterverarbeitete Information dauerhaft gespeichert, indem sie in einem mehrstufigen chemischen Prozess in Materie umgewandelt wird. Die so gebildete Materie wird in den Nervenzellen eingelagert; die darin abgespeicherte Information steht dann dauerhaft zur Verfügung.

Die eigentlichen Denk- und Lernprozesse spielen sich also durch das Fließen schwacher Ströme über die Nervenfasern zwischen den Nervenzellen ab. Ein menschliches Gehirn weist etwa 15 Milliarden Nervenzellen auf. Von diesen sind nur sehr wenige fest über Nervenfasern miteinander verbunden; in den meisten

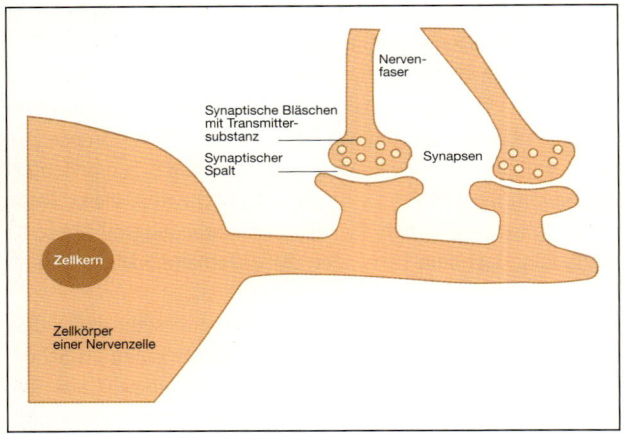

Bild 1: Nervenzelle mit Nervenfasern und Synapse

Fällen sind Nervenzelle und Nervenfaser durch eine Art Schalter voneinander getrennt, den man als *Synapse* bezeichnet (Bild 1).

Im Normalzustand kann durch den Spalt kein Strom fließen; die Synapse steht auf »Aus«. Erst durch die Freisetzung bestimmter chemischer Substanzen wird der Spalt überbrückt; die Synapse schaltet auf »An«. Damit wird ein Stromfluss möglich; die Information kann weitergeleitet werden. Das kontrollierte Öffnen und Schließen der etwa 500 Billionen Synapsen in unserem Gehirn ermöglicht erst einen geordneten Gedankenfluss; ohne diese Steuerungsmöglichkeit käme es zu einem völligen Gedanken- und Erinnerungschaos.

Über die Sinnesorgane einlaufende Informationen werden also über elektrische Impulse in unserem Gehirn verarbeitet. Erregt die eingelaufene Information keine besondere Aufmerksamkeit oder wird sie nicht mit anderen, bereits gespeicherten Informationen verknüpft, so klingen diese Impulse nach kurzer Zeit – maximal bis zu 20 Sekunden – wieder ab und die zugehörige Information geht verloren. Solange diese Information nur als elektrischer Impuls in den Nervenzellen existiert, sagt man, dass sie sich im *Ultrakurzzeit-Gedächtnis* befindet. Eine Speicherung im Ultrakurzzeit-Gedächtnis kann demnach nur bis zu 20 Sekunden erfolgen; wird die Information nicht weiterverarbeitet, ist sie sofort und unwiderruflich verloren. ==Löst die Information hingegen in irgendeiner Form Interesse aus, so beginnt der Prozess einer chemischen Speicherung:== Informationen werden in den Nervenzellen in bestimmten Proteinketten gespeichert, genauso wie die Erbinformation in jeder Körperzelle als sogenannte DNA (engl. *d*esoxyribo *n*uclear *a*cid, Desoxyribonukleinsäure).

Der Prozess der Speicherung neuer Informationen läuft in mehreren Stufen ab. In der ersten Stufe geht die Information ins *Kurzzeit-Gedächtnis* über; in diesem Stadium wurden bereits neue Proteinketten gebildet, aber noch nicht dauerhaft in der Nervenzelle eingelagert. Zerfallen diese Proteinketten wieder, ist die zugehörige Information vollständig verloren; der Mensch hat den betreffenden Vorgang unwiderruflich vergessen und kann sich auch unter größter Anstrengung nicht daran erinnern. Über die Zeiten, in denen eine Information im Kurzzeit-Gedächtnis verbleiben kann, werden unterschiedliche Angaben gemacht; meist wird eine Zeitraum von etwa 20 Minuten genannt.

Wird die Information in einer weiteren Stufe jedoch in Form von Proteinketten in der Nervenzelle eingelagert, so befindet sie sich im *Langzeit-Gedächtnis* und steht damit dauerhaft zur Verfügung. Es ist allerdings möglich, dass diese Information durch Störungen der Gehirnaktivität zeitweise nicht abgerufen werden kann oder schwer auffindbar ist, sodass sie scheinbar vergessen wurde. Dies ist aber nur ein zeitweiliges Vergessen, das durch Beseitigung von Störungen oder durch die Aufnahme von Reizen wieder rückgängig gemacht werden kann.

Ziel einer Ausbildung ist es, dass die vermittelten Informationen dauerhaft gespeichert werden und damit für spätere Tätigkeiten zur Verfügung stehen. Dazu müssen die Informationen

– mit den Sinnesorganen aufgenommen werden,
– über Nervenfasern ins Gehirn übermittelt werden,
– vom Ultrakurzzeit-Gedächtnis ins Kurzzeit-Gedächtnis gelangen und
– im Langzeit-Gedächtnis dauerhaft abgespeichert werden.

Aufgabe des Ausbilders ist es demnach, die Ausbildung so zu gestalten, dass der Lernende diesen Weg erfolgreich beschreiten kann. Was dabei zu beachten ist, wird in den nachfolgenden Kapiteln weiter erläutert.

3.2 Eingangskanäle, Vernetzung, Assoziationen

Wie im vorangegangenen Kapitel erläutert, müssen Informationen zunächst von den Sinnesorganen aufgenommen werden, bevor sie vom Gehirn weiterverarbeitet und eventuell gespeichert werden können. Die Sinnesorgane stellen damit *»Eingangskanäle«* für einlaufende Informationen dar. Über die Eingangskanäle werden die aufgenommenen Informationen zu den Wahrnehmungsfeldern in der Großhirnrinde weitergeleitet. Nachdem so die Informationen vom Gehirn aufgenommen wurden, werden anschließend in den sogenannten Assoziationsfeldern der Großhirnrinde Verknüpfungen zwischen den neu eingelaufenen und bereits abgespeicherten Informationen hergestellt.

Um dies leisten zu können, sind die einzelnen Gehirnzellen durch eine Vielzahl von Nervenfasern miteinander verbunden. Der Informationsverarbeitung im Gehirn liegt also ein System der *Vernetzung* zugrunde. Ein Grundgerüst dieser Vernetzung wird bereits gesteuert durch Erbinformation vor der Geburt geschaffen; der übrige Teil bildet sich später, insbesondere in den ersten drei Lebensmonaten, durch die Aufnahme und Verarbeitung äußerer Reize. Daraus resultiert, dass diese Vernetzung für jeden Menschen verschieden ist. Jeder Mensch verarbeitet und speichert Informationen auf eine andere Weise, lernt also anders. Insbesondere die Verarbeitung von Informationen von verschiedenen Eingangskanälen ist individuell unterschiedlich. Dem einen Menschen fällt es leichter, Dinge zu erlernen, die er sieht; hier spricht man von einem »visuellen Lerntyp«. Beim anderen läuft der Lernprozess effektiver ab, wenn er Dinge hört; in diesem Falle hat man es mit einem »auditiven Lerntyp« zu tun. Bei einigen Menschen steigert sich der Lernerfolg enorm, wenn sie Dinge in die Hand nehmen und anfassen, also im wahrsten Sinne des Wortes »begreifen« können; dies bezeichnet man als »haptischen Lerntyp«.

Das Gehirn nutzt die Vernetzung dazu, Informationen nicht isoliert zu verarbeiten und zu speichern, sondern in Verknüpfung mit anderen, dazu passenden Informationen. Das Gehirn versucht, zu jeder neu einlaufenden Information *Assoziationen*, das heißt gedankliche Verbindungen zu bereits gespeicherten Informationen zu finden. Gelingt es nicht, bei einer neuen Information Assoziationen zu bereits vorhandenen herzustellen, so fällt es schwer, diese Information richtig zu verarbeiten; eine solche völlig fremdartige Information wird meist nicht einmal vom Ultrakurzzeit-Gedächtnis ins Kurzzeit-Gedächtnis gelangen.

Darüber hinaus gehen die mit einer Information verknüpften Assoziationen auch in die Speicherung ein. Sind mit einer abgespeicherten Information viele Assoziationen verknüpft, fällt der Zugriff auf diese Information später leichter. Hat also ein Mensch etwas beim Lernprozess mit anderen Dingen gedanklich verknüpft, so wird er sich später eher daran erinnern, weil er diese Information über bestimmte Assoziationen viel leichter hervorholen kann.

3.3 Lern- und Denkblockaden

Innere und äußere Reize können dazu führen, dass Gehirnaktivitäten und damit Lernprozesse nur sehr erschwert ablaufen. In dem vorangegangenen Kapiteln 3.1 und 3.2 wurde erläutert, auf welchen physiologischen Vorgängen in den Sinnesorganen, Nervenfasern und Nervenzellen Lernprozesse beruhen. Werden diese Vorgänge gestört, ist die Verarbeitung und Speicherung von neuen Informationen sowie der Zugriff auf abgespeicherte Informationen erschwert; ein Lernprozess wird damit nahezu unmöglich.

Störende Reize, die die Informationsaufnahme und -verarbeitung behindern, können ungünstige äußere Einflüsse wie Hitze,

Kälte und Lärm oder andere als negativ empfundene Faktoren wie eine beängstigende Umgebung oder das bedrohliche Verhalten anderer Personen sein. Die Störung kann aber auch eher innerer Natur sein wie beispielsweise eine Schmerzempfindung oder eine unangenehme Erinnerung. All diese negativen Reize werden als *Stressoren* bezeichnet.

Die Stressoren lösen Hormonreaktionen aus, die die Aufnahme und Verarbeitung von Informationen stark hemmen. Diese Körperreaktion beim Auftauchen von Stressoren hat ihre Ursachen in der biologischen Veranlagung unserer Vorfahren aus der Zeit vor der Zivilisation. Für die Menschen, die zu dieser Zeit lebten, war es lebensnotwendig, auf Stressoren wie wilde Tiere möglichst schnell mit Flucht oder Angriff zu reagieren. Dabei hätten weitergehende Denkprozesse nur gestört, sodass der Körper in Stresssituationen hormonell auf rein körperliche Aktivitäten wie Flucht oder Kampf umgestellt wird. In der heutigen Zivilisation mit ganz anderen Arten von Stressoren ist diese Reaktion meist nicht sinnvoll oder sogar hinderlich. Die biologischen Grundmuster des Menschen verändern sich jedoch nur sehr langsam, sodass wir in Stresssituationen körperlich nahezu gleich reagieren wie unsere Vorfahren vor vielen zehntausend Jahren.

Konkret sieht die Stressreaktion des Körpers so aus, dass die Hormone Adrenalin und Noradrenalin massiv ausgeschüttet werden, die den Körper durch Erhöhung des Blutdrucks und die Mobilisierung von Energiereserven auf Höchstleistung vorbereiten. Darüber hinaus wird durch diese Stresshormone die Tätigkeit der Synapsen stark eingeschränkt: Ein Großteil dieser »Schalter« in unserem Gehirn kann nicht mehr auf »An« gestellt werden, sodass Denkvorgänge weitgehend blockiert werden. Durch eine derartige *Denkblockade* sind also die folgenden Prozesse stark erschwert:

- Weiterverarbeitung von Informationen,
- Abspeicherung von Informationen im Langzeit-Gedächtnis,
- Zugriff auf gespeicherte Informationen.

Unter diesen Voraussetzungen sind auch Lernprozesse praktisch unmöglich, sodass eine Stresssituation auch eine *Lernblockade* mit sich bringen kann. Typische Stressoren in der Ausbildung, die zu einer Denk- oder Lernblockade führen können, sind

- neue, unbekannte Situationen,
- Angst vor Versagen oder Misserfolg,
- Angst vor negativen Reaktionen des Ausbilders,
- negative Erinnerungen an vorangegangene belastende Situationen.

Das Auftreten von Denkblockaden wird insbesondere bei Prüfungen häufig beobachtet. Durch die Angst, die Prüfung nicht zu bestehen, gerät der Prüfling in eine Stresssituation, in der der Zugriff auf zuvor Gelerntes nicht mehr möglich ist. Auch die Verarbeitung neuer Informationen ist stark erschwert, sodass der Prüfling Schwierigkeiten hat, angebotene Hilfestellungen auch anzunehmen. Ist die Prüfung vorbei, so klingt auch die Denkblockade wieder ab, und der Prüfling kann sich wieder mühelos an zuvor Erlerntes erinnern.

Auch andere Faktoren können den Lernerfolg gefährden: Erkennt der Lernende nicht, welchen Nutzen ein bestimmter Lerninhalt für ihn hat, so tut er sich schwer damit, diesen dauerhaft abzuspeichern. Für den Lernenden *nutz- und bedeutungslose Lern-*

inhalte erzeugen einen Unwillen, der ähnlich wie eine Denkblockade die Aufnahme ins Langzeit-Gedächtnis erschwert. ==Erst wenn der Lernende erkennt, warum dieser Lerninhalt für ihn sinnvoll und nützlich ist, werden im Gehirn die Voraussetzungen für die dauerhafte Aufnahme ins Gedächtnis geschaffen.== Informationen, die als nutzlos für die eigene Lebenswirklichkeit empfunden werden, können nur mit erheblichen Schwierigkeiten im Gedächtnis verankert werden.

- störende Reize behindern den Lernprozeß
- Nutzen des Lerninhaltes hervorheben

4 Die Gestaltung der Ausbildung

Klappten Vokabeln nicht, wurde einem das Buch um die Ohren geschlagen. Velle, nolle, malle. »Diä wird ich's zeigen.« Am Ohr auf den Tisch heruntergezogen, mit der Nase auf den Fehler gestoßen. »Da! Da! Da!« Bratsch! Und noch einen mit dem Handrücken hinterher, wenn man schon denkt: nun ist es vorüber.
  Walter Kempowski: *»Tadellöser & Wolff«*

4.1 Grundsätze für die Gestaltung der Ausbildung

Grundsätzliches Ziel muss es sein, die Ausbildung so zu gestalten, dass der Lernende möglichst viel der zu vermittelnden Lerninhalte dauerhaft im Gedächtnis abspeichert. Die biologischen Abläufe für eine solche Speicherung sind in den vorangegangenen Kapiteln 3.1 und 3.2 in den Grundzügen dargestellt worden. Der Ausbilder hat nun die Aufgabe, die Gestaltung seiner Ausbildung an diesen natürlichen Gegebenheiten zu orientieren. Dazu muss er dem Lernprozess förderliche Elemente in die Ausbildung einbeziehen und störende Einflüsse vermeiden.

  In Kapitel 3.3 ist erläutert worden, wie das Auftreten von Stressoren zu Denk- oder *Lernblockaden* führen kann, die Lernprozesse erschweren oder unmöglich machen. Der Ausbilder sollte also bei der Gestaltung der Ausbildung alles minimieren, was als Stressor für die Lernenden wirken könnte. Dies beginnt damit, dass bei den äußeren Bedingungen Störfaktoren so weit möglich ausgeschaltet werden. So sind beispielsweise überheizte Unterrichtsräume und schlechte Lichtverhältnisse nicht nur unangenehm für die Lerngruppe (und den Ausbilder!), sondern auch dem Lernerfolg hinderlich.

Auch der Ausbilder ist aufgefordert, durch sein Verhalten eine angstfreie Atmosphäre zu schaffen, bei der Lernblockaden weitgehend ausgeschlossen werden können. Selbstverständlich hat der Ausbilder die Aufgabe, auf die Erreichung von Lernzielen hinzuwirken und dazu ähnlich wie eine Führungskraft eine gewisse Autorität zu entwickeln. Dies darf jedoch nicht soweit gehen, dass der Ausbilder in seinem Bemühen um Autorität bei den Lernenden übermäßige Angst vor seinen negativen Reaktionen erzeugt und damit Stress auslöst, der beim Lernen nicht fördert, sondern hindert.

Bei der Feuerwehr liegt es nahe, gerade bei praktischer Ausbildung ganz bewusst ein gewisses Maß an Stress zu erzeugen, da Einsatztätigkeiten auch in Stresssituationen sicher beherrscht werden müssen. Dabei muss jedoch sorgfältig beachtet werden, in welcher Lernphase der Lernende sich befindet: Hat der Lernende bei einer Tätigkeit noch Mühe, diese unter normalen Bedingungen korrekt auszuführen, so stört zusätzlich erzeugter Stress den Lernprozess nur und ist völlig fehl am Platze. Beherrscht der Lernende eine Tätigkeit jedoch sicher, so wird erst durch den Einbau von Stresselementen das eigentliche Ziel von Feuerwehrausbildung erreicht, nämlich das richtige Verhalten unter Einsatzbedingungen.

Die Aufgabe des Ausbilders beschränkt sich nicht darauf, negative Einflüsse wie Stressoren und daraus resultierende Lernblockaden zu vermeiden. Vielmehr soll er die Ausbildung gezielt so gestalten, dass dem Lernenden das Lernen möglichst leicht fällt. Von entscheidender Bedeutung ist dabei, den Lernenden in geeigneter Weise zum Lernen zu motivieren. Zuvor haben wir gesehen, dass Lerninhalte, die dem Lernenden nutz- und bedeutungslos erscheinen, kaum zu vermitteln sind. Um diese Fehlentwicklung zu vermeiden, sollte der Ausbilder daher bei der Gestaltung von Ausbildung folgendermaßen vorgehen:

– Lernziele im Hinblick auf das Ausbildungsziel sinnvoll auswählen und klar definieren,
– Lerninhalte konsequent anhand dieser Lernziele festlegen,
– der Lerngruppe die Lernziele möglichst früh vermitteln.

Wenn dem Lernenden das Ziel einer Ausbildung klar ist und er sich damit identifizieren kann, ist er – auch in biologischer Hinsicht – zum Lernen motiviert und erzielt einen besseren Lernerfolg. Bei der *Motivation* der Lerngruppe kommt der Anfangsphase einer Unterrichtseinheit große Bedeutung zu: Wie in Kapitel 9.1 ausführlicher dargestellt, sollte als erstes mit einem geeigneten Unterrichtseinstieg Interesse für das Ausbildungsthema und Neugier auf die kommenden Inhalte bei der Lerngruppe geweckt werden. Im Anschluss daran sollte der Gruppe das Lernziel der Unterrichtseinheit nahegebracht werden. Wird dem Lernenden nicht klar, worauf die Ausbildung überhaupt abzielt, so wird es ihm schwerfallen, sich zum Lernen zu motivieren.

Anfangs wurde dargestellt, wie Sinneseindrücke auf unterschiedlichen Eingangskanälen das Gehirn erreichen und dort weiterverarbeitet werden. Des Weiteren ist dort gezeigt worden, dass die Effektivität der Informationsaufnahme über die verschiedenen

Eingangskanäle von Mensch zu Mensch unterschiedlich ist. Um diesen unterschiedlichen Lerntypen gerecht zu werden, ist es häufig sinnvoll, Informationen über verschiedene Eingangskanäle wie Sehen, Hören oder auch Fühlen, Tasten anzubieten. Nutze ich mehrere Sinnesorgane als Eingangskanäle, erhöht sich die Wahrscheinlichkeit, für den Einzelnen die effektivste Lernform anzubieten.

Auch die Bedeutung von *Assoziationen* für das menschliche Denken und Lernen sollte bei der Gestaltung von Ausbildung berücksichtigt werden. Eine für den Lernenden neue, vollkommen fremde Information kann für sich alleine stehend nur schwer verarbeitet oder gespeichert werden. Hier ist der Ausbilder gefordert, die neue Information mit bekannten Dingen aus der Erlebniswelt des Lernenden zu verknüpfen, damit er Assoziationen dazu finden kann und so sein Gehirn aufnahmebereit für diesen neuen Inhalt wird. Dies kann geschehen, indem Beispiele aus dem Umfeld des Lernenden angeführt werden. So hat der Lernende eine Chance, die für ihn neue Information gedanklich richtig zu verarbeiten und so abzuspeichern, dass sie später über entsprechende Assoziationen wieder zur Verfügung steht.

4.2 Konkrete Hinweise zur Unterrichtsgestaltung

Die Arbeitsweise unseres Gehirns hat noch direktere Konsequenzen für die Unterrichtsgestaltung, die in den folgenden Hinweisen erläutert werden.

Bildhafte Darstellung, Visualisierung

Auch wenn es unterschiedliche Lerntypen gerade auch im Hinblick auf die Nutzung von Eingangskanälen gibt, so nimmt doch die Mehrzahl der Menschen Informationen leichter mit den Augen als mit den Ohren auf. Weiterhin ist für die meisten das Verstehen und Behalten einer bildlichen Darstellung einfacher als bei einer Darstellung in Text oder Zahlen. Besteht die Möglichkeit, einen Sachverhalt in bildlicher Form darzustellen, so sollte man dies im Allgemeinen einer Darstellung in Form von Text vorziehen. Auch eine Tabelle mit Zahlenwerten ist für den Lernenden meist wenig hilfreich; die Darstellung des gleichen Inhalts in Form eines Diagramms ist wesentlich anschaulicher und wird vom Lernenden häufig viel effektiver verarbeitet. Bild 2 zeigt ein Beispiel, wie Tabelle 1 visualisiert werden kann.

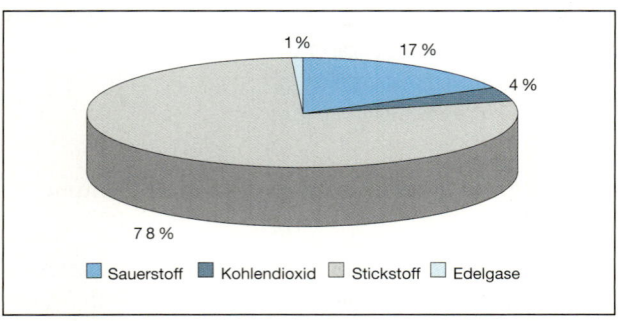

Bild 2: Beispiel für eine Visualisierung: Der Inhalt von Tabelle 1 kann auch als Diagramm dargestellt werden und ist so leichter so erfassen

Tabelle 1: Zusammensetzung der Ausatemluft

Gas	Anteil
Sauerstoff	17 %
Kohlendioxid	4,04 %
Stickstoff	78 %
Edelgase	0,96 %

Vom Bekannten zum Unbekannten

Wird der Lernende mit für ihn völlig unbekannten Sachverhalten konfrontiert, so empfindet er diese als fremd und feindlich und ist damit kaum zum Lernen bereit. Außerdem ist es für ihn schwer möglich, Assoziationen zu bereits vorhandenen Inhalten zu knüpfen. Daher ist es unerlässlich, bei der Hinführung zu neuen Inhalten zunächst an bekannte Dinge anzuknüpfen, um diesen Abschreckungseffekt zu vermeiden. Man bezeichnet diese Technik auch als »Neues alt verpacken«. Hierzu ein Beispiel aus dem Bereich der Feuerwehr: Im Rahmen der Strahlenschutzausbildung soll den Lernenden die Aufgabenverteilung der Trupps im Strahlenschutzeinsatz nach FwDV 9/2 vermittelt werden. Beginnt man gleich mit den strahlenschutzspezifischen Dingen wie dem Messen der Ortsdosisleistung und dem Kontaminationsnachweis, besteht die Gefahr, dass die Lernenden sich überfordert fühlen und abschalten. Knüpft man hingegen an die Aufgabenverteilung nach FwDV 13/1 an und baut dann nach und nach die Elemente des Strahlenschutzes ein, so wird der Lernende schrittweise an diesen neuen Sachverhalt herangeführt und kann viel effektiver lernen. Konkret könnte dies so aus aussehen, dass der Ausbilder zunächst wiederholt, dass der Wassertrupp nach FwDV 13/1 die Aufgabe hat, die Einsatzkräfte und betroffene Personen vor möglichen Gefahren wie fließendem Straßenverkehr, Brandgefahr, herabfallenden Teilen oder Dunkelheit zu schützen. Aus dieser bekannten Tatsache wird dann der neue Sachverhalt erarbeitet, dass nun im Strahlenschutzeinsatz der Wassertrupp gegen die Gefahr der Kontaminationsverschleppung sichern muss und daher den Kontaminationsnachweis durchführt.

Vom Leichteren zum Schwereren
Aus ähnlichen Gründen wie beim vorangegangenen Punkt sollte man bei der Vermittlung von Inhalten und auch bei der Auswahl von Beispielen mit leichter verständlichen Dingen beginnen und erst später, wenn sich beim Lernenden bestimmte Assoziationsketten ausgebildet haben, auf schwierigere Sachverhalte eingehen. Hier sei ein Beispiel aus der Ausbildung im Bereich der gefährlichen Stoffe und Güter angeführt: Bei der Interpretation von Gefahrnummern auf Warntafeln nach GGVS sollte zunächst mit einfachen Zahlenkombinationen wie 23 (entzündbares Gas) oder 66 (sehr giftiger Stoff) begonnen werden, bevor komplexe oder nicht mehr direkt nachvollziehbare Kombinationen wie X423 (entzündbarer fester Stoff, der mit Wasser gefährlich reagiert und entzündbare Gase bildet) oder 539 (entzündbares organisches Peroxid) behandelt werden. Würde man mit diesen schwierigen Kombinationen beginnen, würde der Lernende das ganze System als unverständlich und konfus einstufen und sich beim Lernen schwertun.

Gesamtheit vor Einzelheit
Um das Denken in Assoziationen zu nutzen, ist es wichtig, zunächst den Gesamtzusammenhang aufzuzeigen, bevor auf Einzel-

heiten eingegangen wird. Wenn dem Lernenden klar ist, in welchen Zusammenhang sich ein Sachverhalt einfügt, kann er Assoziationen dazu knüpfen und damit diesen Sachverhalt so im Langzeit-Gedächtnis abspeichern, dass er später wieder abgerufen werden kann. Auch hier ein Beispiel aus dem Feuerwehrwesen: Um einen Feuerwehrangehörigen mit der Beladung eines Löschgruppenfahrzeuges vertraut zu machen, ist es nicht sinnvoll, ihn von Anfang an mit der detaillierten Beladeliste zu konfrontieren. Kennt er hingegen die grundsätzliche Zielsetzung eines solchen Fahrzeuges, so kann man ihn schrittweise an die dazu passende Beladung heranführen und wird so einen wesentlichen nachhaltigeren Lernerfolg erzielen. Im Einzelnen wird es dem Lernenden sicher schwerfallen, sich eine Liste der feuerwehrtechnischen Beladung beim LF 16/12 wie »2 Verteiler, 2 B-Rohre, 4 C-Rohre« etc. einzuprägen. Macht man ihm jedoch vorher klar, dass das LF 16/12 dafür ausgelegt ist, auch zwei Gruppen mit Geräten für einen Löschangriff auszustatten, ergibt sich die zuvor genannte Liste fast zwangsläufig und kann von Lernenden viel leichter behalten werden.

Erklärung vor Begriff

Soll dem Lernenden ein neuer Sachverhalt vermittelt werden, der mit einem bestimmten für ihn unbekannten Begriff beschrieben wird, so ist es im Allgemeinen günstiger, zunächst den Sachverhalt – unter Einbeziehung bekannter Elemente – zu erläutern und erst dann den Begriff zu nennen. Dies hat zwei Vorteile: Zum einen wird durch die Erläuterung gleich eine Assoziationskette zu dem Begriff aufgebaut, sodass er bei erneuter Verwendung leichter zugeordnet werden kann. Zum anderen kann ein neuer, zunächst unverständlicher Begriff – möglicherweise ein ungebräuchliches Fremdwort – als fremd und feindlich empfunden werden, sodass der Lernende gar nicht bereit ist, die nachfolgende Erklärung aufzunehmen. Dazu wiederum ein Beispiel: Im Rahmen der Brandlehre sollte man zunächst erklären, dass Verbrennungsvorgänge chemische Reaktionen eines brennbaren Stoffes mit Sauerstoff sind, bevor man den Begriff »Oxidationsreaktion« verwendet. Steigt man gleich mit dem Begriff ein, so werden Lernende ohne großes Vorwissen den Unterricht gleich als »hochwissenschaftlich« und damit unverständlich einstufen und sich mit dem Lernen schwertun.

Interferenzen vermeiden

Wird ein Sachverhalt erklärt, so ist es sinnvoll, diese Erklärung durch die Verwendung von Beispielen oder Vergleichen anschaulicher und verständlicher zu machen. Was dabei jedoch vermieden werden sollte, ist die Verknüpfung mit unwichtigen, störenden oder verwirrenden Zusatzinformationen. Ein solcher Störeffekt wird als Interferenz bezeichnet. Interferenzen erschweren den Aufbau einer brauchbaren Assoziationskette und damit eine zweckmäßige Verarbeitung der aufgenommenen Information. Hierzu wieder ein Beispiel aus der Fahrzeugkunde: Werden die genormten Löschgruppenfahrzeuge wie LF 8/6 und LF 16/12 behandelt, so sollte in diesem Zusammenhang nicht auch noch auf die alten Normen für das LF 8 und das LF 16 eingegangen werden. Der Vergleich der beiden ähnlichen, aber nicht gleichen Sachverhalte behindert als störende Interferenz das wesentliche Ziel des Unterrichts, nämlich die Kenntnis der Zielsetzung der genormten Löschgruppenfahrzeuge.

5 Das Didaktische Achteck

Plant man eine Ausbildung, so sind dabei eine Reihe von Faktoren und Gegebenheiten zu berücksichtigen; die wichtigsten sind in der nachfolgenden Liste von Fragen wiedergegeben:

- Was sind die Lernziele der Ausbildung?
- Über welche Kompetenzen muss der Ausbilder verfügen?
- Wie ist die Ausbildungsgruppe zusammengesetzt?
- Welche Ausbildungsinhalte sollen vermittelt werden?
- Welche Ausbildungsverfahren bzw. -methoden sollen verwendet werden?
- Welche Ausbildungsmittel stehen zur Verfügung?
- Wie sehen die organisatorischen Bedingungen für die Ausbildung aus?
- Wie soll die Erfolgskontrolle gestaltet werden?

Häufig stellt man diese einzelnen Faktoren und deren Zusammenhänge in einem grafischen Modell zusammen, das man als das »Didaktische Achteck« bezeichnet [9, 18] (Bild 3). Jede Ecke dieses Achtecks bezeichnet einen der Faktoren, die bei der Ausbildung eine Rolle spielen.

Die Verbindungslinien zwischen den Ecken sagen aus, dass all diese Faktoren miteinander in Verbindung stehen und ineinandergreifen. Bildlich kann man sich das Didaktische Achteck wie ein achteckiges Tischtuch vorstellen. Zieht man an einer Ecke, so bewe-

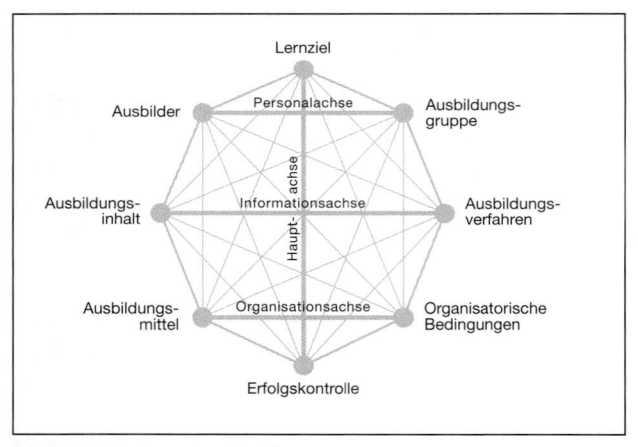

Bild 3: Das Didaktische Achteck

gen sich auch alle anderen. Als Beispiel kann man sich vor Augen führen, womit etwa der Faktor »Ausbildungsverfahren« in Zusammenhang steht. Es ist unmittelbar einsichtig, dass die Wahl des Ausbildungsverfahrens wie etwa Lehrgespräch oder Gruppenarbeit von den organisatorischen Bedingungen und der jeweiligen Ausbildungsgruppe (also den beiden benachbarten Ecken im Didaktischen Achteck) abhängt, aber auch von den anderen Faktoren wie dem zu erreichenden Lernziel, den zu vermittelnden Inhalten etc. Jeder der acht Faktoren hängt demnach von jedem der anderen ab, daher sind grafisch alle acht Ecken durch Linien miteinander verbunden.

Sind zwei Begriffe durch eine der stärker gezeichneten Achsen verbunden wie beispielsweise »Lernziel« und »Erfolgskontrolle«, so bezeichnet dies den besonders engen Zusammenhang dieser

Begriffe. Im Einzelnen enthält das Didaktische Achteck folgende besonders hervorzuhebende Achsen:

- *Hauptachse* als Verbindung von »Lernziel« und »Erfolgskontrolle«: Dies besagt, dass die Ausbildung an einem Ziel ausgerichtet sein sollte, das man meist als Lernziel bezeichnet, und dass eine Erfolgskontrolle durchgeführt werden sollte, die sich nach den Vorgaben des Lernziels zu richten hat.
- *Personalachse* als Verbindung von »Ausbilder« und »Ausbildungsgruppe«: Hierdurch wird die enge Beziehung zwischen dem Ausbilder einerseits und der Gruppe der Lernenden, der Ausbildungsgruppe andererseits, aufgezeigt. Diese enge, manchmal auch problematische Beziehung wird in den Kapiteln 7 und 8 näher beleuchtet.
- *Informationsachse* als Verbindung von »Ausbildungsinhalt« und »Ausbildungsverfahren«: Hiermit wird deutlich gemacht, dass die Art der zu vermittelnden Information, nämlich der Ausbildungsinhalt, die Art der Informationsvermittlung, also das Ausbildungsverfahren, wesentlich mitbestimmt.
- *Organisationsachse* als Verbindung von »Ausbildungsmittel« und »Organisatorische Bedingungen«: Dies soll klarmachen, dass die Wahl der Ausbildungsmittel stark von den organisatorischen Gegebenheiten (zeitliche Vorgaben, Art der Räumlichkeiten etc.) geprägt wird.

In den nachfolgenden Kapiteln 6 bis 14 werden die Faktoren des Didaktischen Achtecks im Einzelnen behandelt. Dabei sind dem Punkt »Ausbildungsverfahren« zwei Kapitel gewidmet, da es hier Sinn macht, die Verfahren im theoretischen Unterricht und in der praktischen Ausbildung getrennt zu behandeln.

6 Lernziele

> Nur wer sein Ziel kennt, findet den Weg. (Lao-tse)

Nur wenn man sich klarmacht, welches Ziel man verfolgt, kann man Ausbildung sinnvoll gestalten. Wenn man jemanden für eine bestimmte Aufgabe ausbilden will, muss man genau analysieren, welche Kenntnisse und Fertigkeiten derjenige dafür benötigt und schreibt diese als *Lernziele* fest.

Wenn dem Lernenden das Ziel einer Ausbildung klar ist und er sich daran orientieren kann, fällt es ihm leichter, dieser Ausbildung zu folgen und die auf ihn einströmenden Informationen zu verarbeiten und zu speichern; dementsprechend ist ein höherer Lernerfolg zu erwarten.

In Anlehnung an die in Kapitel 2 angeführte Definition des Lernens kann der Begriff des Lernziels wie folgt definiert werden:

> Lernziele beschreiben das nach einem erfolgreichen Lernen erwartete Verhalten des Lernenden.

Nicht zufällig steht der Begriff »Lernziel« an der Spitze des Didaktischen Achtecks. Ist das Lernziel festgelegt, so haben sich die anderen Faktoren danach zu richten. Insbesondere die Erfolgskontrolle sollte sich konsequent am Lernziel orientieren (Hauptachse des Didaktischen Achtecks), aber auch die Ausbildungsinhalte sollten anhand des Lernziels ausgewählt werden.

Um die Erstellung von Lernzielen systematisch zu gestalten, werden diese in Lernzielklassen, Lernzielarten und Lernzielstufen unterteilt. Alle drei Begriffe werden im Weiteren näher erläutert.

6.1 Lernzielklassen

Aus dem Grad der Genauigkeit, mit der das erwartete Verhalten in einem Lernziel beschrieben wird, ergibt sich eine Hierarchie der Lernzielklassen; die unterschiedlichen Hierarchieebenen werden als *Lernzielklassen* bezeichnet. Die hierarchisch höchste Stufe ist dabei das Ausbildungsziel, mit dem das Ziel der gesamten Ausbildung – beispielsweise zum Truppmann oder Truppführer – beschrieben wird. Danach folgt die Unterteilung in Richtziele, Grobziele und Feinziele, jeweils mit zunehmender Genauigkeit. Manchmal wird noch die Stufe der höchsten Genauigkeit als Feinstziel angeführt. Diese Hierarchie mit der Ordnung nach dem Genauigkeitsgrad lässt sich bildlich in Form einer Pyramide darstellen (Bild 4).

Der jeweilige Genauigkeitsgrad lässt sich am besten anhand eines Beispiels verdeutlichen. In Nordrhein-Westfalen ist per Erlass folgendes *Ausbildungsziel* für den Truppmann-Lehrgang der Freiwilligen Feuerwehr festgelegt:

»Der Lehrgangsteilnehmer besitzt Kenntnisse und Fertigkeiten, die ihn befähigen, seine Aufgaben als ausführende Einsatzkraft in einem nichtselbstständigen Trupp (Angriffstrupp, Wassertrupp,

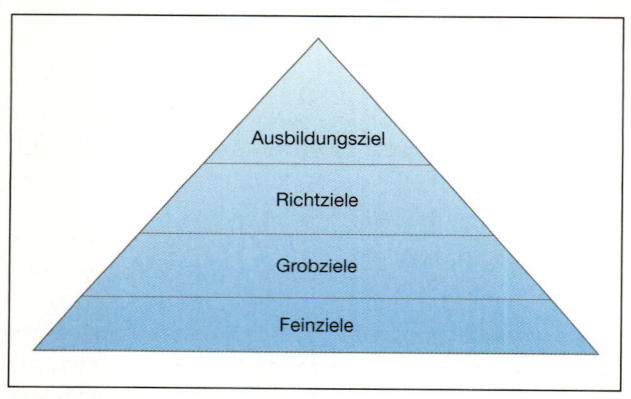

Bild 4: Hierarchie der Lernzielklassen

Schlauchtrupp) *unter Aufsicht eines Truppführers oder in der Funktion »Melder« innerhalb einer taktischen Einheit im Einsatz, bei innendienstlichen Aufgaben und bei Brandsicherheitswachen wahrzunehmen.«*

Das *Richtziel* für den Unterricht »Fahrzeugkunde« sieht dann wie folgt aus:

»Der Teilnehmer hat eine seiner Funktion angemessene Übersicht über die genormten Feuerwehrfahrzeuge.«

Innerhalb dieses Richtziels wurde als ein *Grobziel* – von vielen – festgelegt:

»Der Teilnehmer verfügt über Kenntnisse über die Einteilung und Bezeichnung genormter Feuerwehrfahrzeuge.«

Und letztendlich lautet dann ein *Feinziel* von vielen:

»Der Lehrgangsteilnehmer kann die Kurzbezeichnungen der genormten Feuerwehrfahrzeuge erläutern.«

An diesem Beispiel wird klar, wie von Lernzielklasse zu Lernzielklasse immer genauer beschrieben wird, welches Verhalten vom Lernenden nach absolvierter Ausbildung erwartet wird. Wesentlich dabei ist auch, dass es sich dabei um ein hierarchisches System handelt, das heißt jedes weiter unten in der Pyramide stehende (feinere) Lernziel muss sich dem über ihm stehenden (gröberen) Ziel unterordnen lassen. Ist nicht erkennbar, wie sich ein feineres Ziel aus dem übergeordneten, gröberen Ziel ergibt, verliert das feinere Ziel seine Berechtigung. Als Beispiel nehmen wir an, als Grobziel in der Gerätekunde sei definiert: »Der Teilnehmer verfügt über die notwendigen Kenntnisse zur Handhabung von tragbaren Leitern.« Dann wäre folgendes Feinziel nicht sinnvoll: »Der Teilnehmer kennt die Transport- und Einsatzlängen aller tragbaren Leitern«, da es sich nicht aus dem übergeordneten Grobziel ergibt. Ein Feuerwehrangehöriger muss diese Zahlenwerte nicht kennen, um eine tragbare Leiter einzusetzen.

6.2 Lernzielarten

Lernziele werden weiterhin nach der Art oder dem Charakter des beschriebenen Verhaltens eingeteilt. Die grundlegenden Bereiche, in denen Lernziele festgeschrieben werden können, bezeichnet man als *Lernzielarten*. In der wissenschaftlichen Didaktik geht man meist von drei verschiedenen Lernzielarten aus [2, 13], die in leicht abgewandelter Form auch bei der Feuerwehrausbildung verwendet werden:

- *Lernziele im Erkenntnisbereich* (kognitive Lernziele): Was sollen die Teilnehmerinnen und Teilnehmer wissen, verstehen, anwenden und beurteilen können?
- *Lernziele im Handlungsbereich* (psychomotorische Lernziele): Welche praktischen Fertigkeiten sollen die Teilnehmerinnen und Teilnehmer erlangen, wie sollen sie handeln oder sich verhalten?
- *Lernziele im Gefühls- und Wertebereich* (affektive Lernziele): Welche Einstellung sollen die Teilnehmerinnen und Teilnehmer erlangen?

Die drei Lernzielarten dürfen nicht isoliert voneinander betrachtet werden. So genügt es beispielsweise nicht, bei der Erste-Hilfe-Ausbildung der Feuerwehren im theoretischen Unterricht die vorgegebenen kognitiven Lernziele und in den praktischen Anteilen die psychomotorischen Lernziele zu erreichen. Im Zuge der Ausbildung muss auch die innere Einstellung, im Einsatzfall tatsächlich den Verletzten zu helfen, beim angehenden Feuerwehrangehörigen geweckt werden, das heißt es müssen gleichzeitig mit den kognitiven und psychomotorischen auch affektive Lernziele erreicht werden.

6.3 Lernzielstufen

Innerhalb einer Lernzielart kann weiter nach der Tiefe der Beherrschung differenziert werden; dies bezeichnet man als *Lernzielstufen*. Mit steigender Lernzielstufe wird der Schwierigkeitsgrad des erwarteten Verhaltens immer höher. Das Durchlaufen einer niedrigeren Lernzielstufe ist immer Voraussetzung für das Erreichen der nächsthöheren Stufe.

Im Erkenntnisbereich (kognitive Lernziele) sind bei der Feuerwehr vier Lernzielstufen definiert:

1. *Wissen:* Der Lernende kann den Sachverhalt wiedergeben.
2. *Verstehen:* Der Lernende kann den Sachverhalt erklären.
3. *Anwenden:* Der Lernende kann den Sachverhalt auf konkrete Situationen anwenden.
4. *Bewerten:* Der Lernende kann den Wert eines Sachverhaltes beurteilen.

Die unterschiedlichen Lernzielstufen seien anhand des Erlernens der Bestimmungen des § 35 der Straßenverkehrsordnung (Sonderrechte) erläutert. Diese Rechtsvorschrift sagt unter anderem aus, dass die Feuerwehr von den Bestimmungen der Straßenverkehrsordnung ausgenommen ist, wenn dies zur Erfüllung hoheitlicher Aufgaben dringend geboten ist. Ein Teilnehmer, der nur die Lernzielstufe »Wissen« erreicht hat, kann den Inhalt dieser Vorschrift korrekt – im Extremfall im Wortlaut – wiedergeben, weiß aber nicht, was eigentlich damit gemeint ist. Ein Teilnehmer, der hingegen bei der Lernzielstufe »Verstehen« angelangt ist, kann beispielsweise erklären, dass diese Vorschrift die Feuerwehr ermächtigt, unter bestimmten Umständen bei einer Einsatzfahrt schneller als vorgeschrieben zu fahren. Hat der Teilnehmer die Stufe »Anwenden« erreicht, weiß er, wie er sich konkret in bestimmten Situationen bei Fahrten mit Feuerwehrfahrzeugen zu verhalten hat. Ein Teilnehmer auf der Lernzielstufe »Bewerten« ist sogar in der Lage zu beurteilen, in wie fern diese Rechtsvorschrift für eine sinnvolle Gefahrenabwehr unter Berücksichtigung der Sicherheit des Straßenverkehrs erforderlich ist.

Im Handlungsbereich (psychomotorische Lernziele) unterscheidet man ebenfalls vier Lernzielstufen:

1. *Nachmachen:* Der Lernende kann eine Tätigkeit, die der Ausbilder vormacht, Handgriff für Handgriff nachmachen.
2. *Selbstständiges Handeln:* Der Lernende kann eine Tätigkeit selbstständig ausführen.
3. *Präzision:* Der Lernende kann eine Tätigkeit nicht nur selbstständig und richtig, sondern darüber hinaus zügig und exakt ausführen.
4. *Automatisierung:* Der Lernende kann eine Tätigkeit in jeder Situation schnell, fehlerfrei und absolut sicher ausführen.

Natürlich kann man sich bei der Feuerwehr nie mit der Lernzielstufe »Nachmachen« begnügen; es kann nicht sinnvoll sein, dass ein Feuerwehrmann eine Tätigkeit nur dann beherrscht, wenn ein anderer sie vormacht. Im Feuerwehrdienst muss mindestens die Stufe »Selbstständiges Handeln« erreicht werden, bei Tätigkeiten, von denen die Sicherheit von Menschen abhängen kann wie etwas das Anlegen eines Rettungsknotens, sogar die Stufe »Präzision«. Die Stufe »Automatisierung« wird bei der Feuerwehrausbildung nur selten erreicht; hierzu ist ein ständiges, drillmäßiges

Üben (siehe dazu Kapitel 11.5) erforderlich. Ein Beispiel für die Automatisierung einer Tätigkeit ist das Hakenleitersteigen auf Kommando [6], das bei vielen Berufsfeuerwehren im Grundlehrgang ausgebildet wird. Dies besteht aus einer ganz genau festgelegten Abfolge von Bewegungsabläufen zum Besteigen eines Gebäudes durch sechs Feuerwehrangehörige mit Hakenleitern. Jede Einzeltätigkeit wird auf Kommando des Ausbilders ausgeführt; die Beherrschung dieser Übung setzt intensives, wiederholtes Üben voraus.

In Kapitel 11 wird erläutert, wie die einzelnen Lernzielstufen im Handlungsbereich mit den unterschiedlichen Verfahren der praktischen Ausbildung erreicht werden können.

6.4 Formulierung von Lernzielen

Bei einer exakten Formulierung von Lernzielen wird das erwartete Verhalten mit den folgenden Elementen beschrieben [5, 13]:

- *Inhalt* (Thema, Gegenstand) des Ausbildungsschrittes,
- *Bedingungen*, unter denen das Verhalten gezeigt werden soll,
- *Endverhalten* (die Tätigkeit), das gezeigt werden soll,
- *Bewertungsmaßstab*, mit dem entschieden werden kann, ob das Lernziel erreicht wurde.

Dieser Vorgang wird als *Operationalisierung* bezeichnet und soll in Bild 5 an einem Beispiel erklärt werden.

Häufig wird in einem Lernzielkatalog nicht jedes einzelne Lernziel konsequent operationalisiert. Insbesondere der Bewertungs-

Operationalisierung	
Der Lehrgangsteilnehmer kann	
den Rettungsknoten nach FwDV 1/2	Lerninhalt (Thema, Gegenstand)
ohne Hilfestellung, schnell und fehlerfrei	Bedingungen
einer anderen Person anlegen.	Endverhalten (die Tätigkeit)
Das Ziel ist erreicht, wenn der Knoten	Bewertungsmaßstab
innerhalb von 60 Sekunden korrekt	
angelegt worden ist.	

Bild 5: Operationalisierung eines zu erlernenden Vorgangs

maßstab wird häufig gar nicht oder unvollständig angegeben. Für eine nachvollziehbare Erfolgskontrolle ist jedoch ein vollständig operationalisiertes Lernziel sehr hilfreich.

6.5 Umgang mit Lernzielkatalogen

Nachdem auch bei der Feuerwehr die Bedeutung einer lernzielorientierten Ausbildung erkannt worden ist, werden zunehmend Lernzielkataloge für bestimmte Ausbildungsgänge erarbeitet und zur Vorgabe gemacht. Dies bedeutet aber auch, dass der einzelne Ausbilder derartige Lernzielkataloge interpretieren und die richtigen Konsequenzen für die Gestaltung seiner Ausbildung ziehen

Tabelle 2: Auszug aus dem Lernzielkatalog für die Truppmann-Ausbildung in Nordrhein-Westfalen

Groblernziel	Feinlernziele	Zeit
Kenntnisse über Größen und Einheiten	Der Lehrgangsteilnehmer kann die grundlegenden Größen Länge, Zeit und Masse *erläutern* sowie ihre SI-Einheiten *nennen*.	30 min
	Der Lehrgangsteilnehmer kann *wiedergeben*, wie aus den Grundgrößen und Grundeinheiten die abgeleiteten Größen Kraft, Arbeit und Energie gebildet werden, und ihre Maßeinheiten *nennen*.	
	…	
Kenntnisse über den Begriff »Kraft«	Der Lehrgangsteilnehmer kann die Zusammenhänge der Begriffe »Masse«, »Erdbeschleunigung« und »Gewichtskraft« in Grundsätzen *erläutern*.	75 min
	…	
	Der Lehrgangsteilnehmer kann anhand eines Kräfteparallelogramms *erklären*, wie sich Kräfte, die in unterschiedliche Richtungen wirken, addieren oder subtrahieren.	
	Der Lehrgangsteilnehmer kann *wiedergeben*, dass beim Anschlagen von Lasten ein Spreizwinkel von 120° nicht überschritten werden soll, und dieses *begründen*.	
	…	

kann. Dies wird Tabelle 2 anhand eines kleinen Ausschnitts aus dem Lernzielkatalog erläutert, der derzeit in Nordrhein-Westfalen für die Truppmann-Ausbildung erstellt wird. Dabei handelt es sich um Grob- beziehungsweise Feinziele für den Unterricht »Mechanik«.

Entscheidend ist dabei, dass aus den Verben (Zeitwörtern) der Feinlernziele die jeweils zu erreichende Lernzielstufe erkennbar ist. Im obigen Beispiel reicht es in den Fällen, wo das Verb *nennen* oder *wiedergeben* lautet, die niedrigste Lernzielstufe im Erkenntnisbereich, das »Wissen« anzustreben. Lautet das Verb hingegen *erläutern*, *erklären* oder *begründen*, so muss mindestens die nächsthöhere Lernzielstufe »Verstehen« erreicht werden. Daher braucht der Ausbilder im Unterricht »Mechanik« in der Truppmann-Ausbildung keine besondere Mühe darauf zu verwenden, zu erklären, wie die Größen Kraft, Arbeit und Energie aus den Grundgrößen Länge, Zeit und Masse gebildet werden, da hier nur die Lernzielstufe »Wissen« erreicht werden muss. Bei der Behandlung des Spreizwinkels muss er jedoch sehr wohl anhand des Kräfteparallelogramms für diese Situation erläutern, warum dieser nicht größer als 120° sein darf, da hier der Lernzielkatalog eine Begründung und damit die Lernzielstufe »Verstehen« verlangt.

7 Der Ausbilder

Warum sind Lehrer Originale? Die Frage wird aufgeworfen und beantwortet: Erstens sind sie gar keine, die Fantasie der Jungens und die Übertreibung der Fama macht sie dazu. Zweitens müssen sie Originale sein. Kein Mensch, kein Vorgesetzter ist so unerbittlich den Augen einer spottlustigen und umbarmherzigen Menge ausgesetzt wie der Magister vor der Klasse. In dem Bemühen, seine Würde zu wahren und sich keine Blöße zu geben, wird er verbogen und verschroben. Oder er stumpft ab und lässt sich gehen.

Heinrich Spoerl: *»Die Feuerzangenbowle«*

7.1 Kompetenz des Ausbilders

Für einen erfolgreichen Ausbilder genügt es nicht, das Thema der Ausbildung selber fachlich zu beherrschen. Vielmehr muss ein Ausbilder in den folgenden drei Bereichen über Kenntnisse und Fähigkeiten verfügen:

Fachliche Kompetenz

Der Ausbilder muss über ein solides, aktuelles Fachwissen in dem Bereich verfügen, in dem er die Ausbildung durchführen soll. Um den nötigen Überblick über das Fachgebiet zu haben und um auch anspruchsvolle Fragen der Lernenden qualifiziert beantworten zu können, muss er über einen deutlichen Wissensvorsprung gegenüber ihnen verfügen. Ferner sollte der Ausbilder über praktische Erfahrung in diesem Bereich verfügen. Darüber hinaus ist ein gutes Allgemeinwissen für einen Ausbilder hilfreich.

Passiert es häufiger in einer Unterrichtsreihe, dass der Ausbilder nicht in der Lage ist, Fragen aus der Ausbildungsgruppe zu beantworten, sollte er seine Fachkompetenz für dieses Thema kritisch hinterfragen. Generell sollte man nur dort in der Ausbildung tätig werden, wo man sich fachlich kompetent fühlt. Man sollte es daher vermeiden, sich ein Thema »aufschwatzen« zu lassen, in dem man fachlich nicht sicher ist, auch wenn dies unter den Bedingungen der Feuerwehr manchmal schwer durchzuhalten ist.

Methodisch-didaktische Kompetenz
Um Ausbildung kompetent durchführen zu können, muss der Ausbilder über Kenntnisse in Methodik und Didaktik verfügen. Er soll sich darüber im Klaren sein, wie Lernziele festgelegt werden, wie man Lerninhalte auswählt und wie man Ausbildungsverfahren und -mittel sinnvoll einsetzt. Es ist Ziel dieses Heftes, Ausbilder bei der Feuerwehr beim Ausbau ihrer methodisch-didaktischen Kompetenz zu unterstützen.

Soziale Kompetenz
An einen Ausbilder werden hohe Anforderungen hinsichtlich der sozialen Kompetenz gestellt, das heißt man verlangt von ihm einiges Geschick im Umgang mit einzelnen Gruppenmitgliedern und mit der gesamten Ausbildungsgruppe. Einige Aspekte der sozialen Kompetenz des Ausbilders werden im nachfolgenden Kapitel 7.2 angesprochen.

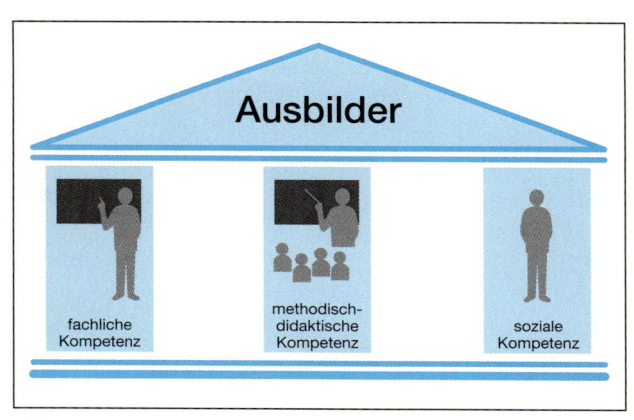

Bild 6: Säulenmodell der Eigenschaften des Ausbilders

Der Erfolg des Ausbilders ruht demnach auf drei »Säulen«, wie bildhaft im »Säulenmodell des Ausbilders« (Bild 6) dargestellt [9]. Nur wenn sich ein Ausbilder in allen drei Bereichen kompetent zeigt, kann Ausbildung erfolgreich sein. Defizite in einem dieser Bereiche wirken sich immer negativ auf den Lernerfolg aus.

7.2 Soziale Kompetenz

Die Anforderungen, die an einen Ausbilder hinsichtlich der sozialen Kompetenz gestellt werden, weisen starke Parallelen zu den Ansprüchen an eine Führungskraft auf. Der Ausbilder sollte eine Vorbildfunktion gegenüber der Gruppe ausüben und stets verantwortungsbewusst und diszipliniert mit der Gruppe und ihren Mitgliedern umgehen [8]. Einige Elemente, die soziale Kompetenz ausmachen, sind im Folgenden aufgeführt:

- Der Ausbilder sollte sich bemühen, alle Mitgliedern der Gruppe gleich und gerecht zu behandeln und nicht einzelne zu bevorzugen.
- Der Ausbilder nimmt während der Dauer der Ausbildung eine Führungsfunktion wahr, indem er den Ablauf der Ausbildung bestimmt und darauf hinwirkt, dass die Lernziele erreicht werden. Dies stellt jedoch keine Rechtfertigung für herablassendes oder rechthaberisches Verhalten gegenüber der Ausbildungsgruppe dar.
- Auch bei der praktischen Ausbildung bis hin zu Einsatzübungen ist ein korrektes und höfliches Auftreten gegenüber der Gruppe selbstverständlich. Der Ausbilder sollte jedoch nicht zögern, bei sicherheitsrelevanten Fehlern schnell, entschlossen und bestimmt einzugreifen.
- Der Ausbilder hat Vorschriften und Regeln, die für alle gelten, selber natürlich auch konsequent einzuhalten. Dies gilt insbesondere für Unfallverhütungsvorschriften und andere sicherheitsrelevante Regelungen.
- Einwandfreie, korrekte Dienstkleidung des Ausbilders sollte eine Selbstverständlichkeit sein.
- Zu Beginn einer Ausbildungsveranstaltung begrüßt der Ausbilder die Teilnehmer und stellt sich vor, wenn er nicht allen persönlich bekannt ist. An dieser Stelle sollte auch geklärt werden, ob man sich mit »Du« oder »Sie« anspricht, wenn das nicht sowieso durch die Umstände klar ist.

- Einseitiges Duzen und Anreden nur mit dem Nachnamen (»Müller, hol mal das Standrohr!«) sind Grobheiten, die sich ein Ausbilder niemals leisten darf.
- Der Ausbilder sollte auf jeden Fall vermeiden, Schwächen oder Eigenheiten von einzelnen Mitgliedern vor der Gruppe anzusprechen (»Wenn man aber so einen Dicken wie unseren Kameraden Horst retten muss...«).
- Humor kann die Ausbildung auflockern, Scherze auf Kosten von einzelnen sind jedoch unangebracht.
- Kritik an einzelnen Mitgliedern der Gruppe sollte vom Ausbilder in aller Regel im Vier-Augen-Gespräch und nicht im Beisein von anderen geübt werden; Ausnahmen davon sind jedoch bei der Nachbesprechung von Einsatzübungen denkbar (siehe Kapitel 11.3).

Auch wenn ein Feuerwehrangehöriger die Aufgabe des Ausbilders nur zeitweise wahrnimmt, sollte er sich jederzeit seiner großen Verantwortung und herausgehobenen Stellung während dieser Zeit bewusst sein. Solange er als Ausbilder fungiert, ist er eben nicht »einer von vielen«, sondern unterliegt einer besonders intensiven Beobachtung durch die Gruppe. Alles, was er als Ausbilder sagt oder tut, hat einen besonderen Stellenwert.

8 Die Ausbildungsgruppe

Unrat, der sich von den Schülern hinterrücks angefeindet, betrogen und gehasst wusste, behandelte sie seinerseits als Erbfeinde, von denen man nicht genug »hineinlegen« und vom »Ziel der Klasse« zurückhalten konnte.
Heinrich Mann: *»Professor Unrat«*

8.1 Analyse der Ausbildungsgruppe

Um eine Ausbildung zielgerichtet durchzuführen, muss der Ausbilder auch seine Ausbildungsgruppe möglichst genau kennen und einschätzen können. Wichtige Faktoren hierbei sind [3]:

Anzahl der Teilnehmer
Selbst diese scheinbar banale Größe hat erhebliche Auswirkungen auf die Gestaltung der Ausbildung. Sieht man sich beispielsweise gezwungen, einen theoretischen Unterricht mit einer Gruppe mit mehr als 35 Teilnehmern durchzuführen, verbleibt der Lehrvortrag als einzige Unterrichtsmethode; alles andere ist bei dieser Gruppengröße nicht mehr durchführbar.

Vorkenntnisse
In Kapitel 4.2 ist aufgezeigt worden, dass der Ausbilder neue, unbekannte Unterrichtsinhalte aus dem bereits bekannten Wissen

der Lernenden erarbeiten sollte (vom Bekannten zum Unbekannten). Dies setzt natürlich voraus, dass der Ausbilder eine Vorstellung davon besitzt, was den Lernenden überhaupt bis dahin bekannt ist.

Erwartungen

Der Ausbilder sollte sich ebenfalls Klarheit darüber verschaffen, was die Lernenden überhaupt von der Ausbildungsveranstaltung erwarten. Insbesondere bei Lehrveranstaltungen, bei denen es keinen festgelegten Stoffplan gibt, der Punkt für Punkt abzuarbeiten ist, kann es hilfreich sein, zunächst einmal die Erwartungen der Teilnehmer an diese Veranstaltung abzufragen. Dabei empfiehlt es sich, die Metaplanwand-Technik (siehe Kapitel 12.4) einzusetzen.

Motivation

In wie weit eine Gruppe zum Lernen motiviert ist, ist häufig schwierig einzuschätzen. Eine entscheidende Rolle wird es dabei spielen, ob die Mitglieder der Gruppe freiwillig oder auf Anweisung an der Ausbildung teilnehmen und welche Bedeutung die erfolgreiche Teilnahme an der Ausbildung für die spätere Tätigkeit hat.

Mögliche Ansätze, eine Ausbildungsgruppe zu motivieren, sind [1]:

- *Neugiermotivation:* Dabei nutzt man die natürliche Neugier des Menschen, um ihn zum Lernen zu motivieren. Ein möglicher Weg, die Neugier des Menschen zum Lernen zu nutzen, bestünde beispielsweise darin, die Ausbildung in der Fahrzeugkunde damit zu beginnen, ein Löschfahrzeug vorzufahren, alle Gerätefächer zu öffnen und den Lernenden die Gelegenheit zu geben, sich alles im und am Fahrzeug anzusehen. Somit würde sich der einzelne Lernende allein aufgrund seiner Neugier mit der Fahrzeugbeladung vertraut machen.

In der täglichen Ausbildungspraxis ist die Fantasie des Ausbilders gefragt, durch eine geeignete Gestaltung der Ausbildung die Neugier der Lernenden auf die Lerninhalte zu wecken, beispielsweise durch einen spannenden Unterrichtseinstieg (siehe Kapitel 9.1).

- *Positive Motivation:* Hierbei strebt der Ausbilder an, Lernfortschritte des Einzelnen oder der Gruppe durch Lob und Anerkennung zu verstärken. Wenn die Lernenden bemerken, dass ihre Leistungen beachtet und anerkannt werden, verstärkt dies häufig ihre Motivation. Wichtig ist natürlich dabei, Lob gezielt und nicht inflationär einzusetzen, sonst verliert es seine ansporende Wirkung.
- *Leistungsmotivation:* Der Grundgedanke hier ist, die Lernenden durch eine Vergleichs- oder Konkurrenzsituation zu besonderen Anstrengungen zu motivieren. Dieses Prinzip macht man sich zum Beispiel bei den sogenannten Leistungsnachweisen der Freiwilligen Feuerwehr zunutze, wo man bestimmte Standard-Löschangriffe auf Zeit aufbauen lässt und die schnellsten mit einem Preis auszeichnet. Diese Methode kann natürlich enorme Leistungsreserven freisetzen. Andererseits kann dies aber auch zu einem übertriebenen Gruppenegoismus (»Wir sind sowieso die besten!«) oder zur Ausgrenzung von leistungsschwächeren Gruppenmitgliedern führen.
- *Negative Motivation:* Hier versucht der Ausbilder, durch das Drohen mit Strafen oder anderen negativen Konsequenzen oder

durch den Verweis auf anstehende Prüfungen die Ausbildungsgruppe zu motivieren. Dabei besteht natürlich immer die Gefahr, Lernblockaden (siehe Kapitel 3.3) bei den Lernenden zu provozieren; diese Art der Motivation ist daher sehr fragwürdig. Die damit erzielbaren Erfolge sind bestenfalls kurzfristiger Natur; häufig ist die negative Motivation eher ein Zeichen von Ratlosigkeit beim Ausbilder, der sich nicht mehr anders als mit Drohungen zu helfen weiß.

8.2 Umgang mit Störungen

Bei der Ausbildung kommt es häufig zu Situationen, die vom Ausbilder oder auch von den Lernenden als *Störung* empfunden werden. Zunächst muss man sich dabei klarmachen, dass man den Begriff »Störung« nur subjektiv definieren kann: Eine Störung liegt dann vor, wenn sich ein Beteiligter gestört fühlt. Liest beispielsweise ein Teilnehmer in einem Unterricht eine Zeitschrift, so werden sich einige Ausbilder dadurch gestört fühlen; andere hingegen sind der Ansicht, dass der Teilnehmer als Erwachsener selber wissen muss, ob er dem Unterricht folgt. Beide haben aus ihrer Sicht recht; der Ausbilder, der in diesem Fall eingreift und den Teilnehmer bittet, dies zu unterlassen, ist dazu ebenso berechtigt wie der Ausbilder, der dies nicht als Störung empfindet und denjenigen weiterlesen lässt.

Wenn sich der Ausbilder gestört fühlt oder die Vermutung hegt, dass andere sich gestört fühlen müssen, ist er gezwungen, darauf angemessen zu reagieren. In der sogenannten »Themenzentrierten Interaktion« [4], einer Methode zur Durchführung von Gruppengesprächen, hat man sogar den Grundsatz *»Störungen haben Vorrang!«* aufgestellt. Dies soll heißen, dass es sinnvoller ist, beobachtete Störungen in einer Gruppe anzusprechen und aufzuarbeiten, als diese zu unterdrücken, da eine unterdrückte Störung den gesamten Gruppenprozess – beziehungsweise bei der Ausbildung den Lernprozess – negativ beeinflussen kann.

Die beste Reaktion auf eine häufige Form der Störung, nämlich Gespräche von zwei oder mehr Teilnehmern untereinander bei der Ausbildung, ist meist eine gezielte Nachfrage, ob ein Problem aufgetreten ist, das der Klärung bedarf. Dabei ist Aggressivität ebenso wenig angebracht wie das Bloßstellen der angesprochenen Teilnehmer (»Erzählen Sie den Witz ruhig laut, wir wollen alle mitlachen!«).

9 Ausbildungsinhalte

Für den Offizier gibt es im Allgemeinen keine Stoffbegrenzung nach unten oder oben, er hat einfach alles zu wissen und zu können, was im Rahmen seines fachlichen Aufgabenbereiches liegt. Er muss jede Situation meistern und deshalb auch jeden Stoff aus seinen Fachgebieten lehren können.
Hauptmann der Feuerschutzpolizei Dr. Kluge: *»Du und der Unterricht«*, Deutscher Feuerschutz, Heft 8 vom 20. April 1944

9.1 Gliederung einer Unterrichtseinheit

Eine Ausbildungseinheit muss natürlich inhaltlich und zeitlich gegliedert werden; dabei hat sich folgende sehr einfache Dreiteilung bewährt [1]:

1. Einleitung
2. Hauptteil
3. Schluss

Diese drei Bestandteile werden im Folgenden einzeln erläutert:

Einleitung
Die Einleitung dient dazu, die Lernenden geeignet zum Thema der Ausbildungseinheit hinzuführen und sie zum Lernen zu motivieren. Schon bei der Einleitung sollte den Lernenden klar wer-

den, warum es wichtig ist, sich gerade mit diesem Thema auseinanderzusetzen. Diese Phase der Einleitung wird auch als *Unterrichtseinstieg* bezeichnet [3]. Auf einen motivierenden Unterrichtseinstieg sollte der Ausbilder nicht verzichten, wenn er von Anfang an Interesse an seiner Ausbildung wecken will. Kaum jemand wird sich durch einen Ausbilder, der lediglich sein Thema lapidar ankündigt (»Heute wollen wir uns mit Feuerlöschern beschäftigen«), sonderlich zum Lernen motiviert fühlen. Mögliche Unterrichtseinstiege im Bereich der Feuerwehr sind:

- Hinweis auf Einsatzbeispiele, bei denen der zu behandelnde Aspekt eine Rolle spielte, möglichst unter Verwendung von Einsatzberichten, Presseberichten und/oder Einsatzfotos,
- eine Karikatur, eine Anekdote oder eine lustige Videosequenz, die mit dem Thema zu tun hat,
- ein zum Thema passendes Experiment.

Im Anschluss daran sollte der Ausbilder möglichst präzise das Lernziel der Unterrichtseinheit vorstellen, die Gründe dafür werden in Kapitel 4.1 erläutert. Besonders in der Einleitungsphase sollte der Ausbilder keinesfalls den Fehler machen, durch negative Bemerkungen sein Thema selber abzuwerten. Aussagen des Ausbilders wie »Das Thema ist sehr trocken und schwierig.« oder »Dieses Thema hat sowieso wenig praktische Bedeutung.« laden den Lernenden geradezu dazu ein, geistig abzuschalten und der Ausbildung gar nicht mehr zu folgen.

Hauptteil

Im Hauptteil werden die neuen Ausbildungsinhalte vermittelt, wobei man nach dem Grundsatz »vom Bekannten zum Unbekannten« (siehe Kapitel 4.2) zunächst bekannte Inhalte aufgreift und gegebenenfalls wiederholt und dann daraus die neuen entwickelt. Zur Entwicklung neuer Inhalte gibt es prinzipiell zwei Vorgehensweisen [5]:

Bei der *deduktiven Methode* wird zunächst eine theoretische Aussage getroffen und dann anhand von Beispielen und weiteren Erläuterungen vertieft. Ein Anwendungsbeispiel bei der Feuerwehr läge darin, zu Anfang des Unterrichts »Gefahren der Einsatzstelle« das bekannte Gefahrenschema der Feuerwehr (4 x A, 1 x C, 4 x E) vorzustellen und jede Gefahr anhand von Beispielen zu erläutern. Bei der *induktiven Methode* betrachtet man einen Sachverhalt zunächst anhand von Beispielen und versucht daraus, eine allgemeine Regel oder eine allgemeingültige Aussage abzuleiten. In unserem Beispiel könnte das heißen, dass der Ausbilder eine Reihe von Einsatzsituationen in Form von Berichten oder Bildern vorstellt, anhand derer das Gefahrenschema Schritt für Schritt erarbeitet wird.

Die deduktive Methode bietet den Vorteil, dass das Unterrichtsgeschehen vom Ausbilder leichter zu steuern ist und man im Vergleich zur induktiven Methode meist mit weniger Zeit auskommt. Die induktive Methode ist für den Lernenden jedoch häufig spannender und interessanter, da er gefordert ist, an der Erarbeitung der allgemeinen Regel selbst mitzuarbeiten.

Wie die neuen Inhalte im Hauptteil konkret vermittelt werden sollen, hängt natürlich stark vom jeweiligen Thema ab. Außer den in Kapitel 4.2 vorgestellten Grundsätzen zur Unterrichtsgestaltung lassen sich hier kaum allgemeine Aussagen treffen. Wichtig ist, dass der Ausbilder auf eine möglichst sachlogische Reihenfolge der Unterrichtsinhalte achtet und seine Aussagen anhand konkreter Beispiele untermauert. Weiterhin sollte der Ausbilder die zum Thema gehörigen Inhalte je nach der Relevanz für das Erreichen des Lernziels in Basiswissen, Aufbauwissen und Hintergrundwissen einstufen, wie im nachfolgenden Kapitel 9.2 weiter ausgeführt wird.

Schlussteil
Zum Schluss einer Unterrichtseinheit sollte der Ausbilder eine kompakte Zusammenfassung der wichtigsten Inhalte geben, so dass sich der Lernende nochmals orientieren kann, welche Dinge er am Ende der Unterrichtseinheit beherrschen muss. Weiterhin sollte hier den Lernenden die Möglichkeit gegeben werden, noch offene Fragen mit dem Ausbilder zu klären. Unter Umständen kann es sinnvoll sein, einen Ausblick auf kommende Ausbildungsinhalte zu geben und damit Neugier auf nachfolgende Ausbildungsveranstaltungen zu wecken.

9.2 Basis-, Aufbau- und Hintergrundwissen

Wie bereits im vorangegangenen Kapitel 9.1 angedeutet, sollten die im Hauptteil zu vermittelnden Ausbildungsinhalte unterteilt werden in [1, 5]:

– Basiswissen (muss der Lernende wissen),
– Aufbauwissen (soll der Lernende wissen),
– Hintergrundwissen (kann der Lernende wissen).

Das *Basiswissen* soll in der Ausbildung mit Hilfe der Unterrichtsmittel und auch durch Wiederholungen deutlich hervorgehoben werden. Ziel ist, dass jedes Mitglied der Ausbildungsgruppe dieses Wissen am Ende sicher beherrscht.

Die Inhalte des *Aufbauwissens* dienen hingegen dazu, das Basiswissen zu verstehen, in den Gesamtzusammenhang einzuordnen und zu verarbeiten. Das Aufbauwissen ist daher nicht unwichtig oder zweitrangig, sondern erfüllt eine wesentliche Funktion bei der Vermittlung des Basiswissens. Allerdings ist es beim Aufbauwissen nicht unbedingt erforderlich, dass es im Gedächtnis des Lernenden haften bleibt.

Elemente des *Hintergrundwissens* sollen in der Ausbildung in der Regel zunächst einmal *nicht* angesprochen werden, um die Ausbildung nicht zu überfrachten. Lediglich bei Nachfragen der Gruppenmitglieder sollte auf Inhalte des Hintergrundwissens eingegangen werden.

Dabei muss der Ausbilder ein Gespür dafür entwickeln, wie er eine Frage aus dem Bereich des Hintergrundwissens angemessen beantwortet. Fragt beispielsweise im Unterricht »Fahrzeugkunde« ein Teilnehmer, was denn wohl ein »HLF« sei (Hilfeleistungslöschfahrzeug, ein nicht genormtes, aber bei Berufsfeuerwehren gängiges Löschgruppenfahrzeug mit erweiterter Ausrüstung für die technische Hilfeleistung), so sollte der Ausbilder diesen weder barsch zurückweisen (»Das ist kein Normfahrzeug, das interessiert uns nicht!«) noch zu einem langatmigen Vortrag über Sinn und Unsinn der Hilfeleistungslöschfahrzeuge ansetzen. Richtig ist bei derartigen Fragen eine knappe, aber verständliche Auskunft über den Sachverhalt mit dem Hinweis, dass dies über die eigentlich zu vermittelnden Inhalte hinausgeht.

Gerade der Bereich des Hintergrundwissens macht den Wissensvorsprung des Ausbilders gegenüber der Ausbildungsgruppe aus (siehe Kapitel 7.1). Ein Ausbilder, der nur über einen minimalen Wissensvorsprung gegenüber den Teilnehmern verfügt, wird häufig nicht in der Lage sein, Fragen aus der Ausbildungsgruppe zu beantworten, auch wenn er das Basis- und Aufbauwissen einigermaßen beherrscht. In diesem Fall wird die Ausbildungsgruppe – durchaus zu Recht – Zweifel an der Fachkompetenz des Ausbilders hegen.

Sollte der Ausbilder trotz einer ausreichenden Fachkompetenz nicht in der Lage sein, eine Frage aus der Ausbildungsgruppe zu beantworten, sollte er dies ehrlich zugeben, statt zu versuchen sich rauszureden, was meist früher oder später doch auffällt. In diesem Fall sollte der Ausbilder darauf hinweisen, dass er die Frage im Anschluss klärt und in der nächsten Ausbildungseinheit nochmals ansprechen wird. Allerdings sollte er dann wirklich die nötige Selbstdisziplin aufbringen, daran zu denken und dies tatsächlich zu tun. Ein Ausbilder, der stets auf eine spätere Klärung verweist, die aber dann fast nie erfolgt, macht sich schnell unglaubwürdig.

10 Methoden im theoretischen Unterricht

Wenn wir das, was wir wissen, nach anderer Methode oder wohl gar in fremder Sprache dargelegt finden, so erhält es einen sonderbaren Reiz der Neuheit und frischen Ansehens.
  Johann Wolfgang von Goethe: *»Über Naturwissenschaft im Allgemeinen«*

Eine wesentliche Entscheidung, die der Ausbilder bei der Gestaltung der Ausbildung zu treffen hat, ist die Wahl der Ausbildungsmethode, sowohl im theoretischen Unterricht als auch bei der praktischen Ausbildung. In diesem Kapitel soll es um Ausbildungsmethoden im theoretischen Unterricht, also bei der Vermittlung von Lernzielen im Erkenntnisbereich (kognitive Lernziele), manchmal in Verbindung mit Lernzielen im Gefühls- oder Wertebereich (affektive Lernziele), gehen. Die Ausbildungsmethoden im praktischen Bereich werden im nachfolgenden Kapitel 11 behandelt.

Bei der Auswahl eines Ausbildungsverfahrens muss man sich klarmachen, wie unterschiedlich effektiv die verschiedenen Methoden der Aufnahme von Informationen sind. In Bild 7 ist daher der durchschnittliche Lernerfolg in Prozent für verschiedene derartige Methoden aufgezeichnet [1].

Dazu ist anzumerken, dass es sich dabei um *Durchschnittswerte* handelt; je nach Lerninhalten und äußeren Bedingungen können die Zahlen im Einzelfall sehr viel anders aussehen. Auch hängt der Lernerfolg der verschiedenen Methoden stark vom

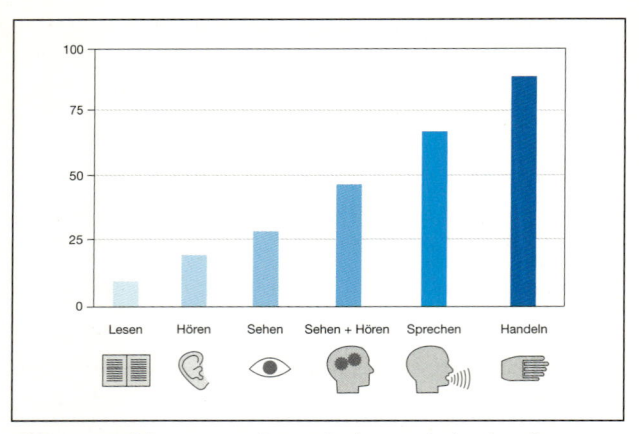

Bild 7: Lernerfolg in Prozent für verschiedene Methoden der Informationsaufnahme nach Birkholz und Dobler [1]

Lerntyp des einzelnen Menschen (siehe Kapitel 3.2) ab; die tatsächlichen Werte können daher im Einzelfall von den genannten abweichen.

Im Folgenden sollen die wichtigsten bei der Feuerwehr üblichen Methoden im theoretischen Unterricht dargestellt werden. Dabei werden der Lehrvortrag, das Lehrgespräch und die Gruppenarbeit jeweils in eigenen Kapiteln behandelt, während andere, in der Ausbildung der Feuerwehr seltener vorkommende Methoden kurz im abschließenden Kapitel 10.4 beschrieben werden. Darüber hinaus gibt es noch weitere Unterrichtsmethoden wie beispielsweise den programmierten Unterricht, die aber bei der Feuerwehr so selten verwendet werden, dass sie hier nicht zur Sprache kommen sollen.

Zu jeder der ausführlicher geschilderten Unterrichtsmethoden werden die Anwendungsbereiche dargestellt, Hinweise zur Durchführung gegeben sowie Vor- und Nachteile der Methode aufgezeigt.

10.1 Lehrvortrag

Hierunter versteht man einen Vortrag vorbereiteter Inhalte vor der Ausbildungsgruppe. Je nach Art der Darstellung der Inhalte (Verlesen eines vorbereiteten Textes, freies Sprechen, mit oder ohne Einsatz von Hilfsmitteln zur Visualisierung) werden manchmal verschiedene Formen wie etwa Referat und freie Rede als eigene Methoden abgegrenzt; auf diese Unterschiede soll aber hier nicht eingegangen werden.

Anwendungsbereiche

Für diese Unterrichtsmethode sind folgende Anwendungsbereiche denkbar:

- Einführung in ein weitgehend neues Thema in knapper, kompakter Form,
- Unterricht vor einer sehr großen Ausbildungsgruppe, etwa ab 35 Teilnehmern (hier ist der Lehrvortrag sogar praktisch die einzig anwendbare Methode, da stärker aktivierende Verfahren bei einer derart großen Teilnehmerzahl kaum mehr möglich sind).

Hinweise zur Durchführung

Der Ausbilder sollte bei einem Lehrvortrag die vorgesehenen Inhalte gut strukturiert schriftlich festhalten; dabei ist darauf zu achten, dass dieses Material auch noch in der Unterrichtssituation gut lesbar ist. Daher sollte eine große, übersichtliche Schrift mit mindestens doppeltem Zeilenabstand gewählt werden. Auch ist ein Blatt Papier im Format DIN A 4 häufig schlecht zu handhaben, eine Karteikarte im DIN A 5-Format kann sich als günstiger erweisen. Diese schriftliche Dokumentation sollte nur eine stichwortartige Darstellung der Inhalte, jedoch keine ausformulierten Texte enthalten.

Auf jeden Fall vermieden werden sollte das Ablesen eines vorbereiteten Textes; die dem Lehrvortrag angemessene freie Rede ist für die Ausbildungsgruppe wesentlich besser zu verfolgen. Grund dafür ist, dass ein vorzulesender Text fast immer in Schriftdeutsch verfasst ist, das wegen seiner komplizierten, langen Sätze und der häufig umständlichen Formulierungen für den mündlichen Vortrag ungeeignet ist. Man fasst diesen Sachverhalt manchmal mit dem prägnanten Satz »Eine Rede ist keine Schreibe!« zusammen. Der Ausbilder sollte also beim Lehrvortrag auf eine griffige, bildhafte Ausdrucksweise in kurzen, verständlichen Sätzen achten.

Wesentlich ist hier natürlich auch die richtig gewählte Sprechlautstärke mit gelegentlichen kurzen Sprechpausen sowie eine gute Sprachbeherrschung, das heißt die Formulierung mit sachlich richtiger Wortwahl und in grammatikalisch korrekten Sätzen. Weiterhin ist auf eine angemessene Mimik und Gestik zu achten; der Ausbilder sollte den Blickkontakt zur Ausbildungsgruppe (und nicht ausschließlich zu seinen Unterlagen) suchen und weder übertrieben steif noch hektisch agierend vor der Gruppe auftreten [1].

Um den Lernerfolg zu steigern, sollte beim Lehrvortrag auf eine Visualisierung nicht verzichtet werden (vergleiche Werte für »Hören« und »Sehen und Hören« in Bild 7). Besonders häufig werden hierzu Overhead-Projektor oder auch Videobeamer eingesetzt, aber auch Wandtafel und Metaplanwand sind möglich. Hinweise zu deren Nutzung sind im Kapitel 12 nachzulesen.

Von zentraler Bedeutung ist die Begrenzung der Dauer eines Lehrvortrags im Zuge der Ausbildung. Beim Vortrag strömt auf den Lernenden in sehr kurzer Zeit eine Flut von Informationen ein, die von ihm verarbeitet werden müssen. Aufgrund der Arbeitsweise unserer Sinnesorgane und unseres Gedächtnisses (siehe Kapitel 3.1) haben wir Menschen Schwierigkeiten, eine derart hohe Informationsdichte über längere Zeit richtig zu verarbeiten. Erfahrungen zeigen, dass die Aufmerksamkeit des Lernenden schon nach zehn Minuten spürbar absinkt; nach etwa 20 Minuten ist die Aufnahme und Speicherung neuer Informationen kaum noch möglich. Eine Vortragsphase innerhalb des Unterrichtsgeschehens sollte daher keinesfalls länger als 20 Minuten dauern; danach ist eine Pause oder der Übergang zu einer stärker aktivierenden Unterrichtsmethode unerlässlich [3].

Vor- und Nachteile

Die Methode des Lehrvortrages bietet die folgenden *Vorteile:*

– kompakte Informationsvermittlung, Behandlung von viel »Stoff« in kurzer Zeit,

- genaue Planung des Verlaufs durch den Ausbilder möglich,
- Abweichungen vom Thema wenig wahrscheinlich,
- auch bei großer Ausbildungsgruppe durchführbar.

Dem stehen die folgenden *Nachteile* gegenüber:
- im Allgemeinen geringer Lernerfolg,
- keine Aktivierung der Lernenden, wird schnell langweilig und ermüdend,
- nur kurze Zeit mit nennenswertem Lernerfolg durchführbar,
- keine unmittelbare Erfolgskontrolle möglich.

10.2 Lehrgespräch

Im Lehrgespräch, häufig auch als Unterrichtsgespräch bezeichnet, werden die Lerninhalte in einem Gespräch zwischen dem Ausbilder und der Ausbildungsgruppe vermittelt, wobei der Ausbilder als Moderator das Gespräch einleitet und fortlaufend lenkt. Wesentliches Mittel der Gesprächsführung sind dabei die Fragen des Ausbilders, die von der Ausbildungsgruppe beantwortet werden sollen. Darüber hinaus können auch Fragen von Lernenden an den Ausbilder und der Austausch von Gesprächsbeiträgen der Teilnehmer untereinander Bestandteile des Lehrgesprächs sein. Historisch gesehen stammt das Lehrgespräch schon aus der Antike, wo der griechische Philosoph Sokrates seinen Schülern bestimmte Einsichten mittels einer speziellen Fragetechnik, der »sokratischen Mäeutik« (eigentlich: »Hebammenkunst«), vermittelte.

Anwendungsbereiche

Das Lehrgespräch ist ein sehr universelles Ausbildungsverfahren, das für den größten Teil der Themen im Erkenntnisbereich geeignet ist. Entgegen dem ersten Augenschein kann ein Lehrgespräch häufig auch dann eingesetzt werden, wenn die Ausbildungsgruppe kaum Vorkenntnisse zu dem zu behandelnden Thema hat. Aufgabe des Ausbilders ist es dann, die Ausbildungsgruppe durch geschickt gestellte Fragen und Anmerkungen zu schon vorhandenem Wissen, beispielsweise aus dem täglichen Leben, zu den neu zu erarbeitenden Inhalten hinzuführen. So kann beispielsweise im Unterricht über Brandausbreitung der physikalische Sachverhalt, dass gute elektrische Leiter im Allgemeinen auch gute Wärmeleiter sind, aus der Tatsache abgeleitet werden, dass Kaffeekannen meist aus Porzellan und nicht aus Metall gemacht sind.

Hinweise zur Durchführung

Auch wenn das Lehrgespräch wegen seiner weiten Verbreitung sehr alltäglich erscheinen mag, stellt es doch erhebliche Anforderungen an den Ausbilder hinsichtlich seiner Fähigkeiten als Gesprächsmoderator. Der Ausbilder muss sich neben der inhaltlichen Aufarbeitung des Lernstoffs auch Gedanken über geeignete Fragen zum jeweiligen Thema und den Umgang mit möglichen Antworten machen. Der Fragetechnik des Ausbilders kommt dabei entscheidende Bedeutung zu. Im Folgenden sind daher empfehlenswerte, eher ungünstige und abzulehnende Frageformen für das Unterrichtsgespräch mit je einem Beispiel aufgeführt [1, 9]:

Empfehlenswerte Frageformen:
- Offene Fragen: »Was ist beim Einsatz eines ABC-Pulverlöschers zu beachten?«
- Aktivierende Fragen: »In welchen Einsatzsituationen kam zuletzt bei Ihnen Schaum zum Einsatz?«
- Denkfragen: »Wann kann der Einsatz von Überdruckbelüftern gefährlich sein?«

Eher ungünstige Frageformen:
- Geschlossene Fragen: »Wie viele Steigsprossen hat die Hakenleiter?«
- Entscheidungsfragen: »Ist das TLF 16/25 mit einer Schiebleiter ausgerüstet?«
- Rhetorische Fragen: »Was wollen Sie denn am helllichten Tag mit einer Handlampe?«

Abzulehnende Frageformen:
- Kettenfragen: »Wer macht beim Löschangriff mit B-Rohr nach FwDV 4 was und in welcher Reihenfolge?«
- Suggestivfragen: »Wollen Sie wirklich den Schnellangriff beim Kellerbrand einsetzen?«
- Bestätigungsfragen: »Sind Sie nicht auch der Meinung, dass viel mehr Ausbildung mit tragbaren Leitern gemacht werden müsste?«

Nach dem Stellen einer Frage sollte der Ausbildungsgruppe durch eine Sprechpause die Möglichkeit gegeben werden, über die Frage nachzudenken und eine Antwort zu formulieren. Diese Sprechpause sollte durchaus 30 Sekunden bis zu einer Minute dauern, da der Lernende Zeit braucht, um die Frage zu verstehen, eine Antwort zu erarbeiten und zu formulieren und sich dazu zu entschließen, sich zu melden. Kommt trotz einer angemessenen Pause keine Antwort aus der Gruppe, sollte der Ausbilder sich die Frage stellen, ob die Lernenden die Frage mit ihrem derzeitigen Wissensstand überhaupt beantworten können. Kann der Ausbilder dies bejahen, so sollte er die Frage anders und möglichst verständlicher formulieren.

In der Erwachsenenbildung ist es ratsam, zur Beantwortung einer Frage nur diejenigen heranzuziehen, die sich selbst gemeldet haben. Das plötzliche »Drannehmen« eines Teilnehmers, der sich nicht gemeldet hat, ist in der Regel unangemessen, da der Teilnehmer als Erwachsener die Freiheit haben sollte, selbst zu bestimmen, wann und wie er an einem Lehrgespräch teilnimmt. Zudem kann ein solches Verhalten der Ausbilders beim Teilnehmer unangenehme Erinnerungen an die Schulzeit bis hin zu einer Lernblockade (siehe Kapitel 3.3) hervorrufen.

Auch der Umgang mit den Antworten aus der Ausbildungsgruppe fordert den Ausbilder in seiner methodischen Kompetenz: Er sollte ein barsches »Abbürsten« nicht zutreffender Antworten (»Falsch!«) ebenso vermeiden wie ein ständiges wörtliches Wiederholen der Antworten der Teilnehmer (»Lehrer-Echo«). Sinnvoll ist hier eine Aufarbeitung der jeweiligen Antwort, wobei deren zutreffende Teile gewürdigt werden sollten.

Zu den Aufgaben des Ausbilders gehört es auch, Abweichungen vom eigentlichen Thema während des Gesprächs auf ein akzeptables Maß zu reduzieren, wobei die Abweichungen sowohl durch die Lernenden als auch durch den Ausbilder selber verursacht werden können. Hier muss der Ausbilder Fingerspitzengefühl entwickeln, um bei Abweichungen durch die Lernenden, die das Erreichen des Lernziels gefährden, das Gespräch wieder zum Thema hinzuführen.

Vor- und Nachteile

Die *Vorteile* des Lehrgesprächs gerade im Vergleich zum Lehrvortrag sind offensichtlich:

- starke Aktivierung der Teilnehmer als Voraussetzung für einen hohen Lernerfolg,
- kurzweiliger, interessanter Unterrichtsverlauf möglich (wenn auch nicht garantiert!),
- unmittelbare Erfolgskontrolle zumindest bei denjenigen, die sich aktiv beteiligen.

Aber auch die *Nachteile* dürfen nicht übersehen werden:
- setzt Disziplin und Interesse bei der Gruppe voraus,
- hohe Anforderungen an die methodische Kompetenz des Ausbilders,
- zeitlich aufwändiger als der Lehrvortrag,
- Abweichungen vom Thema nicht unwahrscheinlich,
- nur bis zu einer Gruppenstärke von etwa 30 Personen durchführbar.

10.3 Gruppenarbeit

Die Gruppenarbeit, bei der die Inhalte von den Lernenden bei der Arbeit in kleinen Gruppen selbstständig erarbeitet werden, ist eine

Methode, die die Lernenden sehr stark aktiviert und damit die Möglichkeit für einen hohen Lernerfolg bietet [8]. Die Gruppenarbeit läuft üblicherweise folgendermaßen ab: Die gesamte Ausbildungsgruppe wird vom Ausbilder in mehrere Kleingruppen eingeteilt, die einen Arbeitsauftrag erhalten und diesen selbstständig bearbeiten. Nach dieser Arbeitsphase werden die Ergebnisse von den einzelnen Kleingruppen der gesamten Ausbildungsgruppe (und natürlich dem Ausbilder) präsentiert. Dabei kann man zwei Varianten unterscheiden:

– aufgabengleiche Gruppenarbeit: Alle Kleingruppen erhalten den gleichen Arbeitsauftrag,
– aufgabenteilige Gruppenarbeit: Jede Kleingruppe erhält einen inhaltlich anderen Arbeitsauftrag.

Anwendungsbereiche

Da bei der Gruppenarbeit die Lernenden eigenes Wissen einbringen sollen, ist diese Methode insbesondere für Bereiche geeignet, wo die Ausbildungsgruppe bereits über gewisse Vorkenntnisse verfügt. Alternativ dazu sind auch Themen geeignet, bei denen sich die Lernenden anhand von zur Verfügung gestelltem Material recht zügig in ein neues Thema einarbeiten können. Beispiel dazu wäre eine Aufgabe aus dem rechtlichen Bereich, wo man den Teilnehmern einen Gesetzestext an die Hand gibt und eine Aufgabe stellt, die anhand dieses Textes bearbeitet werden kann.

Weiterhin ist es empfehlenswert, dass zumindest einzelne aus der Ausbildungsgruppe bereits Erfahrungen mit Gruppenarbeit haben, da es ansonsten recht lange dauern kann, bis die Kleingruppe eine sinnvolle Arbeitsmethode gefunden hat.

Hinweise zur Durchführung

Auch die Gruppenarbeit bedarf der sorgfältigen Vorbereitung durch den Ausbilder. Zunächst einmal hat er sicherzustellen, dass die räumlichen Voraussetzungen für eine Gruppenarbeit gegeben sind: Hat man einen sehr großen Unterrichtsraum mit variabler Möblierung zur Verfügung, so können die Kleingruppen in diesem Raum verteilt werden. Andernfalls benötigt man mehrere kleinere Räume, in denen die Kleingruppen tätig werden können.

Die Arbeitsaufträge sollten schriftlich erstellt und zusätzlich mündlich erläutert werden. Je nach Art der Aufgabenstellung muss der Ausbilder auch zusätzliches Material zur Verfügung stellen, was zur Erfüllung des Arbeitsauftrags benötigt wird (siehe Abschnitt »Anwendungsbereiche«). Während der Arbeitsphase sollte der Ausbilder die einzelnen Kleingruppen aufsuchen, um Fragen zu beantworten und korrigierend einzugreifen, falls der Arbeitsauftrag falsch verstanden wird. Außerdem muss der Ausbilder Material zur Verfügung stellen, mit dem die Kleingruppen ihre Ergebnisse präsentieren können. Hier kommen vor allem Metaplanwand und Flipchart in Betracht, eventuell auch handgeschriebene Overhead-Folien oder der Tafelanschrieb.

Wesentlich ist es auch, klare Zeitvorgaben für die Bearbeitung zu machen. Hier reicht die Spannweite von wenigen Minuten bei einer »Blitz-Gruppenarbeit« bis zu mehreren Stunden bei komplexen Aufgabenstellungen. Zusätzlich muss der Ausbilder bei seiner

Zeitkalkulation abschätzen, wie viel Zeit anschließend für die Präsentation der Ergebnisse benötigt wird.

Eine Kleingruppe sollte in der Regel zwischen vier und sieben Mitglieder umfassen. Bei einer aufgabengleichen Gruppenarbeit sollten maximal vier Gruppen gebildet werden, weil sich ansonsten bei der Präsentation der Ergebnisse Inhalte wiederholen und schnell Langeweile und Frustration aufkommen kann; bei aufgabenteiligen Gruppenarbeiten kann die Zahl höher gewählt werden [3].

Vor- und Nachteile

Als eine sehr stark aktivierende Unterrichtsmethode hat die Gruppenarbeit viele *Vorteile*, die im Folgenden näher aufgelistet sind:

- großer Lernerfolg durch intensive aktive Beschäftigung mit dem Thema,
- größere Identifikation mit den Ergebnissen, da selber erarbeitet und nicht vom Ausbilder vorgegeben,
- wenig Langeweile, da sich jeder Einzelne einbringen kann,
- gleichzeitige Einübung von Zusammenarbeit und Entscheidungsfindung in der Gruppe,
- gleichzeitige Einübung von Präsentationstechniken.

Selbstverständlich weist auch diese Ausbildungsmethode *Nachteile* auf:

- nur bei Vorhandensein von Vorkenntnissen oder bei der Möglichkeit schneller Einarbeitung anwendbar,
- großer zeitlicher und organisatorischer Aufwand,

- setzt Disziplin, Interesse und Erfahrung mit der Methode bei der Ausbildungsgruppe voraus,
- eventuell Dominanz von informellen Führern in der Kleingruppe, Zurückhaltenden fällt es schwer, sich einzubringen,
- bei aufgabengleichen Gruppenarbeiten wiederholen sich die Ergebnisse bei der Präsentation recht schnell, die letzte Gruppe kann kaum noch Neues präsentieren,
- bei aufgabenteiligen Gruppenarbeiten stellt sich nur bei der selbst bearbeiteten Aufgabe ein hoher Lernerfolg ein, bei den Themen der anderen Gruppen verbleibt nur die Präsentation mit möglicherweise geringerem Lernerfolg.

10.4 Andere Unterrichtsmethoden

Hier sollen andere Unterrichtsverfahren, die bei der Feuerwehr eher selten verwendet werden, kurz vorgestellt werden:

Diskussion
Hier diskutiert die Ausbildungsgruppe über ein vom Ausbilder vorgegebenes Thema; der Ausbilder moderiert die Diskussion und fasst anschließend die Ergebnisse zusammen. Vorteil ist hier wieder die starke Aktivierung der Teilnehmer; als wesentliche Nachteile wären der hohe Zeitbedarf, die Möglichkeit der Abweichung vom Lernziel und die Begrenzung auf eine kleine Ausbildungsgruppe zu nennen.

Partnerarbeit

Dies ist eine Variante der Gruppenarbeit, bei der die Ergebnisse jeweils von zwei Sitznachbarn erarbeitet werden. Dabei bleibt die ursprüngliche Sitzordnung erhalten; es findet auch keine Präsentation der Ergebnisse statt. Diese werden anschließend in einem Lehrgespräch zusammengetragen. Hier werden die Lernenden ohne großen Aufwand aktiviert; allerdings entsteht eine gewisse Unruhe während der Arbeitsphase im Raum, und nicht jeder kann seine Ergebnisse einbringen [8].

Fallmethode

Hier wird den Lernenden ein konkreter (realer oder fiktiver) Fall vorgelegt, der von ihnen bearbeitet werden muss. Diese Bearbeitung kann in Form eines Unterrichtsgesprächs oder einer Gruppenarbeit erfolgen; eine Anwendung bei der Feuerwehr wäre zum Beispiel die Bearbeitung von Einsatzsituationen. Diese Methode kann sehr praxisnah Sachverhalte vermitteln, setzt aber wieder Vorkenntnisse der Lernenden und eine sorgfältige Auswahl geeigneter Fallbeispiele durch den Ausbilder voraus.

11 Methoden der praktischen Ausbildung

Nach Abgabe des Kommandos: *»Zum Angriff fertig!«* stellen sich Gruppenführer und Melder vor dem Druckstutzen der Pumpe auf (Melder rechts vom Gruppenführer) und gehen mit kurzen, schnellen Schritten 38 Schritt vor, machen kehrt und rühren.

Heimberg und Fuchs: *»Die Ausbildung der Feuerwehren«*

Hier sollen Ausbildungsverfahren in der praktischen Ausbildung dargestellt werden, wo eher Lernziele im Handlungsbereich (psychomotorische Lernziele), häufig in Verbindung mit Lernzielen aus dem Erkenntnisbereich (kognitive Lernziele), erreicht werden sollen. Dabei werden auch die Demonstration und das Planspiel als Methoden der praktischen Ausbildung angesehen, obwohl sie auch als eher theoretische Verfahren eingestuft werden können. Auch hier werden die bei der Feuerwehr wichtigsten Methoden, nämlich Demonstration, Stufenmethode, Einsatzübung und Planspiel mit ihren Anwendungsbereichen, Hinweisen zur Durchführung und Vor- und Nachteilen ausführlich behandelt. Weniger gängige Verfahren werden in einem abschließenden Kapitel kurz vorgestellt.

11.1 Demonstration

Bei der Demonstration – auch als Vorführung bezeichnet – führt der Ausbilder eine bestimmte Tätigkeit der Ausbildungsgruppe vor und erläutert dabei, was er gerade macht beziehungsweise was die Lernenden gerade sehen. Die Lernenden sind dabei auf die Rolle des Zuschauers beschränkt.

Anwendungsbereiche

Diese Methode ist zum einen als erster Einstieg in die praktische Ausbildung, insbesondere bei der Vornahme von Geräten geeignet. Beispiele hierzu wären die Bedienung einer Feuerlöschkreiselpumpe, die Kurzprüfung eines Pressluftatmers oder die Inbetriebnahme eines Stromerzeugers.

Eine besondere Variante der Demonstration ist die Vorführung eines Sachverhalts anhand eines Modells. Diese speziell für die Ausbildung hergestellten Modelle sind meist verkleinerte und besonders gestaltete Nachbildungen realer Gegenstände, die normalerweise schwer darstellbare Vorgänge sichtbar machen. Beispiele aus dem Bereich der Feuerwehr wären Modellhäuser mit Raucherzeugern und Miniaturlüftern, die zur Veranschaulichung der Überdruckbelüftung eingesetzt werden (Bild 8), sowie Schaumübungsanlagen, mit denen kleinste Mengen von Schaum zu Demonstrationszwecken erzeugt werden können.

Zum anderen kann diese Methode auch zur anschaulicheren Vermittlung von naturwissenschaftlichen Inhalten in Form eines Experiments eingesetzt werden; hier wäre sie allerdings eher als

Bild 8: »Rauchhaus« zur Demonstration der Überdruckbelüftung

Methode des theoretischen Unterrichts anzusehen. So kann beispielsweise in der Mechanik die Aussage, dass die Größe der Reibungskraft nicht von der Größe der Berührungsfläche abhängt, mit einem einfachen Versuch mit Hilfe eines Backsteins und eines Federkraftmessers untermauert werden. Der Lernerfolg wird bei einer solchen Demonstration sicherlich wesentlich höher sein, als wenn der Ausbilder dies zunächst behauptet und anschließend mit theoretischen Argumenten begründet.

Gerade in der Brand- und Löschlehre kann eine Vielzahl von Experimenten zur Erarbeitung oder Untermauerung theoretischer Aussagen herangezogen werden; eine Darstellung zahlreicher für die Feuerwehr geeigneter Experimente findet man in [12]. So ist zum Beispiel die Staubexplosion recht leicht mit Hilfe von Mehl und einer Flamme darstellbar. Etwas mehr Aufwand, auch hinsichtlich der Sicherheit, erfordert das bekannte Experiment zur Fettexplosion, wo ein Glas Wasser in einen Behälter mit brennendem Fett geschüttet wird, was zu einer spektakulären Freisetzung des brennenden Fetts mit einem Feuerball von mehreren Metern Durchmesser führt. Trotz des erhöhten Aufwands sollte auf derartige Experimente auch im Hinblick auf den besseren Lernerfolg nicht verzichtet werden.

Hinweise zur Durchführung

Damit eine Demonstration erfolgreich abläuft und den gewünschten Lernerfolg bringt, ist eine sorgfältige Vorbereitung durch den Ausbilder unerlässlich. Der Ausbilder sollte die benötigten Materialien vor Beginn der Ausbildung bereitlegen und auf Vollständigkeit und Funktion kontrollieren. Bei einer Vornahme von Geräten sollte der Ausbilder sich vorher durch Ausprobieren noch einmal vergewissern, dass er selber die Tätigkeit wirklich sicher beherrscht. Auch sollte er sich vorher überlegen, wie er die vorzuführende Tätigkeit erläutert.

Für Demonstrationen, die mehr den Charakter eines naturwissenschaftlichen Experiments haben, gilt sinngemäß das Gleiche. Auch hier sollte der Ausbilder die Demonstration zunächst ohne Zuschauer einüben, bis er sie sicher beherrscht. Dies gilt um so mehr, wenn der Ausbilder die Geräte oder Materialien zum ersten Mal verwendet oder die Demonstration mit gewissen Gefahren (Brand, Explosion, Elektrizität) verbunden ist.

Da bei einer Demonstration das Sehen von entscheidender Bedeutung ist, muss sichergestellt sein, dass alle Mitglieder der Ausbildungsgruppe die Demonstration gut einsehen können. Ist dies ohne weiteres nicht der Fall, so muss der Ausbilder dem durch organisatorische Veränderungen Rechnung tragen, beispielsweise durch die Aufteilung in kleinere Gruppen oder durch die Verwendung eines Unterrichtsraumes mit steil ansteigenden Sitzreihen.

Vor- und Nachteile

Die Demonstration weist die folgenden *Vorteile* auf:
- wesentlich anschaulicher als eine rein theoretische Vermittlung,
- höherer Lernerfolg,
- Verlauf gut planbar.

Dem stehen folgende *Nachteile* entgegen:
- hoher Vorbereitungsaufwand für den Ausbilder,

- Gefahr des Misslingens,
- keine Aktivierung der Lernenden,
- in der praktischen Ausbildung ist selbst die niedrigste Lernzielstufe »Nachmachen« (siehe Kapitel 6.3) nur ansatzweise erreichbar.

11.2 Stufenmethode

Die Stufenmethode wurde im Handwerk zur Vermittlung praktischer Fertigkeiten entwickelt, ist aber auch bei der Feuerwehr vielseitig verwendbar [11]. Meist spricht man von einer Dreistufenmethode mit den Komponenten Vormachen, Nachmachen und Üben; manchmal wird dies zur Vierstufenmethode mit den Bestandteilen Erläutern, Vormachen, Nachmachen und Üben erweitert. Bei der *Dreistufenmethode* macht der Ausbilder die Tätigkeit zunächst mit Erläuterungen und Hinweisen vor; anschließend machen die Lernenden die Tätigkeit unter Aufsicht des Ausbilders nach. Als letzten Schritt üben die Lernenden dann die Tätigkeit unter der Kontrolle des Ausbilders selbstständig. Bei der *Vierstufenmethode* wird dem eine Phase des Erläuterns vorangestellt, in der der Ausbilder zunächst die Tätigkeit und das Gerät allgemein erklärt. Im Folgenden wird hier nur die Dreistufenmethode betrachtet; die Erläuterung wird als Bestandteil des Vormachens aufgefasst.

Anwendungsbereiche

Die Stufenmethode ist für die Ausbildung einer Vielzahl von praktischen Tätigkeiten im Feuerwehrdienst geeignet, insbesondere für die Vornahme von Geräten. Allerdings sind gerade bei der Feuerwehr viele Tätigkeiten nicht allein, sondern nur mit zwei oder mehr Personen durchführbar (Aufbau eines Löschangriffs, Vornahme einer tragbaren Leiter, Vornahme hydraulischer Rettungsgeräte). Hier muss die Stufenmethode entsprechend abgeändert werden, wie im Folgenden erläutert wird.

Hinweise zur Durchführung

Da bei der Stufenmethode alle Lernenden aktiv werden sollen, ist dabei die Größe der Ausbildungsgruppe auf etwa acht Teilnehmer zu beschränken. Bei einer größeren Gruppe kommt sonst zuviel Leerlauf und Langeweile während des Nachmachens auf; zudem haben dann beim Vormachen nicht alle freie Sicht auf den Ausbilder.

Beim Vormachen sollte der Ausbilder zunächst mit einer kurzen Erläuterung der Tätigkeit und des vorzunehmenden Geräts beginnen; dies sollte aber keinesfalls in langatmige theoretische Betrachtungen ausarten. Anschließend führt der Ausbilder die zu erlernende Tätigkeit vor. Dabei sind folgende Punkte zu beachten:

- Sicherheitsrelevante Punkte wie etwa mögliche Verletzungsgefahren sind besonders hervorzuheben.
- Das Vormachen sollte langsam erfolgen, damit auch der Neuling den Vorgang gut nachvollziehen kann.
- Der Ausbilder erläutert jeweils, was er macht und warum er das so macht.

- Es sollte keinesfalls absichtlich etwas Falsches vorgemacht werden (»das wird nicht so gemacht, sondern so«), da der visuelle Eindruck der falschen Tätigkeit sich stärker einprägen kann als die mündlich übermittelte Information, dass das falsch ist.
- Der Ausbilder hat darauf zu achten, dass alle Teilnehmer freie Sicht auf das Geschehen haben.
- Wenn es mehrere Möglichkeiten für die Durchführung einer Tätigkeit gibt, sollte sich der Ausbilder für eine entscheiden und konsequent nur diese vorführen. Ein Nebeneinander beider Möglichkeiten wäre für die Lernenden eine störende Interferenz (siehe Kapitel 4.2). Beispielsweise gibt es für das Legen des Pfahlstichs beim Rettungsknoten zwei verschiedene Arten; bei der einen wird eine Schlaufe in eine andere gelegt, bei der anderen wird das lose Seilende zweimal durch eine Schlaufe geführt. Der Ausbilder sollte sich für eine Art entscheiden und nur diese vorführen und nachmachen lassen; das Vorführen beider Arten nebeneinander wäre für die Lernenden sehr verwirrend.

In der Phase des Nachmachens führen die Teilnehmer die Tätigkeit einzeln unter Anleitung des Ausbilders durch. Der hat dabei folgendes zu beachten:

- Bei sicherheitsrelevanten Fehlern oder Verstößen gegen Unfallverhütungsvorschriften muss der Ausbilder sofort einschreiten.
- Fehler der Teilnehmer, die einen Lernerfolg für ihn oder andere haben, sollen zunächst nicht korrigiert werden. Beispiel hierzu: Bei der Außerbetriebnahme eines Überflurhydranten mit Fallmantel vergisst der Teilnehmer, das Hydranten-Absperrventil zu schließen. Daraufhin lässt sich der Fallmantel nicht wieder hochschieben, da der Sicherungsbolzen noch ausgefah-

ren ist. Dieser »Misserfolg« beim eigenen Handeln hat einen nachhaltigeren Lernerfolg als ein frühzeitiger Hinweis des Ausbilders.
- Er achtet darauf, dass wirklich *alle* Teilnehmer die Tätigkeit nachmachen.

In der letzten Phase des Übens führen die Teilnehmer die Tätigkeit selbstständig bis zur Beherrschung durch; der Ausbilder kontrolliert dabei den Lernfortschritt und greift korrigierend ein, wenn sich dauerhaft Fehler einschleichen.

Wie bereits angesprochen, ist die Stufenmethode in einer reinen Form nicht auf alle Tätigkeiten bei der Feuerwehr anzuwenden, da viele Vorgänge wie zum Beispiel die Vornahme einer tragbaren Leiter nur von zwei oder mehr Personen durchgeführt werden können. Ideal wäre es hier, wenn ein Team der Ausbilder diese Tätigkeit zunächst komplett richtig vorführen würde. Da dies in der Praxis kaum möglich ist, kann man sich damit behelfen, dass einige besonders leistungsfähige Mitglieder der Ausbildungsgruppe die Tätigkeit nach genauen Anweisungen des Ausbilders vormachen.

Vor- und Nachteile

Als *Vorteile* der Stufenmethode sind zu nennen:
- zumindest die Lernzielstufe »Selbstständig Handeln« kann erreicht werden,
- hoher Lernerfolg durch starke Aktivierung.

Als *Nachteile* ergeben sich:
- nur mit sehr kleinen Gruppen machbar,

- die Lernzielstufe »Präzision« kann im Allgemeinen nicht erreicht werden,
- Leerlauf für die anderen bei Nachmachen.

11.3 Einsatzübung

Die Einsatzübung stellt die Ausbildungsform dar, die sich dem eigentlichen Ziel der Ausbildung bei der Feuerwehr, nämlich dem sicheren und korrekten Vorgehen bei Einsätzen, am stärksten annähert. Bei der Einsatzübung greifen viele Tätigkeiten ineinander, die bis dahin isoliert voneinander vermittelt wurden.

Anwendungsbereiche

Da die Einsatzübung das Zusammenwirken vieler Einzeltätigkeiten beinhaltet, kann sie nur dann gelingen, wenn diese zugrundeliegenden Tätigkeiten sicher beherrscht werden. Von daher sollten Einsatzübungen eher am Ende einer Ausbildungseinheit stehen, wenn die vorausgesetzten Einzelschritte schon eingeübt wurden. Damit stellt die Einsatzübung aber auch eine geeignete Form der Erfolgskontrolle dar, ob die bisherige Ausbildung erfolgreich absolviert wurde. Da die Einsatzübung von allen Ausbildungsformen dem Einsatzgeschehen am nächsten kommt, sind die Teilnehmer dabei erfahrungsgemäß besonders motiviert und engagiert. Auch im Hinblick auf die Motivation der Ausbildungsgruppe sollte daher auf die Einsatzübung als »Krönung« einer praktischen Ausbildung nicht verzichtet werden.

Hinweise zur Durchführung

Grundlegend bei einer Einsatzübung ist zunächst einmal, deren Ziel klar zu definieren. Ein solches Übungsziel könnte beispielsweise lauten: »Die Ausbildungsgruppe kann eine Person aus einer brennenden, verqualmten Wohnung im zweiten Obergeschoss retten.«

Bei der Vorbereitung der Übung müssen als erstes die notwendigen Absprachen mit den übergeordneten Führungsebenen bis hin zum Leiter der Feuerwehr getroffen werden. Auch die Leitstelle muss über die Einsatzübung wegen möglicher Außerdienststellung von Fahrzeugen und wegen des zusätzlichen Funkverkehrs informiert sein.

Weiterhin ist es notwendig, ein *Übungsobjekt* auszuwählen. Besonders geeignet sind natürlich alte leerstehende Gebäude; möglicherweise können aber auch öffentliche oder Gewerbegebäude genutzt werden. In Einzelfällen kann auch in gerade fertiggestellten Rohbauten geübt werden; hier ist jedoch zu prüfen, ob die Sicherheit der Übenden durch fehlende Treppengeländer etc. nicht zu stark gefährdet ist. In jedem Fall sind Absprachen mit den Eigentümern oder Nutzern zu treffen. Sind diese Vorbereitungen getroffen, kann mit der eigentlichen Ausarbeitung der Einsatzübung begonnen werden.

Eine motivierende Übung benötigt eine möglichst realitätsnahe *Lagedarstellung*. Mögliche Hilfsmittel zur Lagedarstellung sind:

- Nebelgerät zur Verrauchung; alternativ Verkleben der Sichtscheibe der Atemschutzmasken mit einer Folie, die die Sicht behindert,
- Blinkleuchte mit Gelblicht zur Darstellung des Feuers, eventuell in Verbindung mit einem Recorder zum Einspielen von Geräuschen,

- Statisten als Verletztendarsteller, sofern sicher möglich; alternativ Einsatz von Puppen,
- Altfahrzeuge für die technische Hilfeleistung an verunglückten Kraftfahrzeugen. Falls möglich, sollten diese beispielsweise durch den Sturz von einem Kran deformiert werden, damit deren Zustand dem eines Unfallfahrzeuges ähnelt.

Aus Gründen der Sicherheit und des Umweltschutzes sollte in aller Regel auf die Verwendung offenen Feuers verzichtet werden. Ebenso sind bei der Verwendung von Pulver oder Schaum Umweltauflagen der Gemeinde zu beachten und die Frage der Entsorgung zu klären.

Hinsichtlich des Personals benötigt man neben der übenden Einheit und eventuell den Verletztendarstellern eine Übungsleitung, die den Ablauf der Übung steuert und überwacht und bei größeren Übungen erfahrene Führungskräfte als Schiedsrichter, die die Übung aufmerksam beobachten und auswerten. Bei den Schiedsrichtern ist zu beachten, dass diese nach Möglichkeit nicht zur übenden Teileinheit gehören und auch wenig Beziehung zu dieser haben. Schiedsrichter, die die übenden Einheiten kaum kennen, urteilen häufig objektiver als Nahestehende und sind eher dazu bereit, auch Schwachstellen bei der übenden Einheit offen anzusprechen.

Die Einsatzübung wird von der Übungsleitung beendet, wenn das Ziel der Übung erreicht ist oder nicht mehr erreicht werden kann. Im Anschluss daran soll eine *Nachbesprechung* stattfinden, auf der die Übungsleitung und/oder die Schiedsrichter ihre Auswertung der Übung vortragen. Hier sollten positive Aspekte hervorgehoben werden, aber auch Schwachstellen und Mängel deutlich angesprochen werden. Dabei sollte es vermieden werden, einzelne wegen ihrer Fehlleistungen vor der gesamten Einheit zu kritisieren; es wird jedoch nicht immer vermeidbar sein, dass bei einer Nachbesprechung bestimmte angesprochene Fehler einzelnen zugeordnet werden können.

Der geplante zeitliche Ablauf einer Einsatzübung kann in einer Art »Drehbuch« festgeschrieben werden. Ein derartiges Drehbuch für eine einfache Einsatzübung mit dem oben genannten Ziel (Rettung einer Person aus dem zweiten Obergeschoss) könnte folgendermaßen aussehen:

Übungsobjekt: Abbruchhaus Sperlingstraße 7
Übende Einheit: Löschzug (LZ) 1 mit LF 1 und TLF 1
Übungsleitung: HBM Forsch, BM Fröhlich
Schiedsrichter: HBM Scharfblick, Löschzug 3
Ablauf: (Uhrzeiten sind ungefähre Angaben, Abweichungen im Übungsverlauf möglich)
19:00 Uhr: Eintreffen Übungsleitung am Gerätehaus LZ 1, danach Abfahrt zum Übungsobjekt
19:15 Uhr: Inbetriebnahme des Nebelgerätes und Ablegen der Rettungspuppe im Übungsobjekt, 2. OG
19:30 Uhr: Alarmierung von LZ 1 über Funk
19:32 Uhr: Ausrücken LZ 1 zum Übungsobjekt
19:35 Uhr: Eintreffen LZ 1 am Übungsobjekt
19:38 Uhr: Zugführer 1 gibt Einsatzbefehl: »Zimmerbrand im 2. OG, eine Person wird vermisst, LF zur Menschenrettung unter PA mit C-Rohr und Fluchthaube zum 2. OG über Treppenraum, TLF zur Vornahme der Steckleiter zum Balkon 2. OG Rückseite vor!«

19:40 Uhr:	Beginn der Einsatzmaßnahmen
19:50 Uhr:	Vermisste Person (Rettungspuppe) sollte gefunden worden sein
20:00 Uhr:	Übungsleitung gibt Übungsende bekannt
20:05 Uhr:	Nachbesprechung mit Übungsleitung und Schiedsrichter vor Ort
20:30 Uhr:	Abrücken zum Gerätehaus LZ 1
20:40Uhr:	Wiederherstellung der Einsatzbereitschaft, Tauschen der benutzen PA und Schläuche
21:00 Uhr:	Ende des Übungsdienstes

Vor- und Nachteile

Die *Vorteile* der Einsatzübung ergeben sich aus dem bereits Gesagten:

- sehr einsatznahe Ausbildungsform,
- effektive Form der Erfolgskontrolle,
- hohe Motivation der Teilnehmer.

Auch die *Nachteile* sind hier aus dem bisher Dargestellten ableitbar:

- hoher Aufwand in der Vorbereitung, Durchführung und Auswertung der Übung für die Ausbilder
- Auffinden geeigneter Übungsobjekte und Erarbeitung neuer Lagen schwierig,
- Risiko von Unfällen und Verletzungen für die Teilnehmer.

11.4 Planspiel, Planübung

Bei Planspielen oder Planübungen werden Einsatzsituationen anhand von Modellen oder Karten analysiert und bearbeitet; dieses Ausbildungsverfahren stellt eine Mischform zwischen theoretischer und praktischer Ausbildung dar. Besonders häufig werden dazu *Modelle* verwendet; hier hat sich der Maßstab 1:87 (Bezeichnung H0 im Modellbau) bewährt, da dafür besonders viele Gebäude, Fahrzeuge und sonstige Objekte erhältlich sind. Ferner sind mit diesem Maßstab Lagen von der Gruppenführerebene bis hin zum Einsatz mehrerer Züge gut darstellbar. Ein Beispiel für eine solche Darstellung ist in Bild 9 wiedergegeben.

Zur Bearbeitung von Großschadenlagen mit dem Einsatz mehrerer Verbände ist eine Arbeit am Modell 1:87 meist nicht mehr zweckmäßig; hier sollten großformatige *Karten* zur Bearbeitung der Lage genutzt werden. Die Lagedarstellung kann dann unter Verwendung taktischer Zeichen erfolgen.

Anwendungsbereiche

Planspiele sind bei der Feuerwehr in erster Linie ein Instrument zur Aus- und Weiterbildung von Führungskräften, die taktische Einheiten wie Gruppen, Züge oder Verbände im Einsatz führen sollen. Teilweise wird das Planspiel aber schon in der Truppführerausbildung zur Analyse von Einsatzsituationen und zum Training des richtigen Verhaltens im Einsatz verwendet.

Da Planspiele die Anwendung von Wissen aus vielen Bereichen erfordern, sollten sie erst dann durchgeführt werden, wenn

Bild 9: Darstellung einer Einsatzlage im Modell zur Bearbeitung im Planspiel

das nötige Fachwissen bereits vermittelt wurde. Ebenso wie die Einsatzübung sollte das Planspiel eher am Ende eines Ausbildungsgangs stehen.

Hinweise zur Durchführung

Die Durchführung eines Planspiels setzt voraus, dass die dafür benötigten Modelle oder Karten existieren. Im Folgenden wird angenommen, dass das Planspiel anhand eines Modells im Maßstab 1:87 erfolgen soll und dass die benötigten Modelle einschließlich Häusern, Fahrzeugen und Figuren vorhanden sind [10].

Zur Vorbereitung des eigentlichen Planspiels baut der Ausbilder zunächst die Lage auf. Beim Brandeinsatz können Feuer und Rauch durch rot beziehungsweise schwarz eingefärbte Watte dargestellt werden, die betroffen Personen durch im Modellbauhandel erhältliche Figuren. Ferner sollen grundlegende Angaben zur angenommenen Lage wie Ort, Zeit, Wetter, Alarmstichwort und Alarmadresse an einer Wandtafel festgehalten werden.

Zu Beginn des eigentlichen Planspiels wird der Lernende mit diesen grundlegenden Angaben vertraut gemacht. Dann beginnt der Lernende mit der Anfahrt zur Einsatzstelle, der vorläufigen Fahrzeugaufstellung und der Erkundung. Bei der Erkundung stellt der Lernende den Führer der taktischen Einheit dar, der Ausbilder alle übrigen Personen wie Betroffene, Passanten oder andere Einsatzkräfte. Personenbefragungen können im Wortlaut durchgespielt werden. Ungewöhnliche Sinneseindrücke an der Einsatzstelle wie auffällige Gerüche oder Hilfeschreie sollte der Ausbilder dem Lernenden unaufgefordert mitteilen. Zur Verdeutlichung der Lagedarstellung können Fotos oder Videosequenzen eingespielt werden.

Im Anschluss an die Erkundung legt der Lernende seine Einsatzplanung dar. Dabei hat es sich als sinnvoll erwiesen, sich so weit wie möglich am *Führungsvorgang* nach FwDV 100 zu orientieren. Daher sollte der Lernende im Zuge der Beurteilung folgende Fragen systematisch beantworten:

– Welche Gefahren sind für Menschen, Tiere, Sachwerte, Umwelt erkannt?
– Welche Gefahr muss zuerst und an welcher Stelle bekämpft werden?
– Welche Möglichkeiten bestehen für die Gefahrenabwehr?

- Vor welchen Gefahren müssen sich die Einsatzkräfte hierbei schützen?
- Welche Vor- und Nachteile haben die verschiedenen Möglichkeiten?
- Welche Möglichkeit ist die beste?

Im Anschluss daran setzt der Lernende seine Einsatzplanung fort, indem er im Zuge des Entschlusses die durchzuführenden Maßnahmen plant und dazu die einzusetzenden Kräfte und Mittel festlegt.

Zum Abschluss eines Durchlaufs des Führungsvorganges erteilt der Lernende seine Einsatzbefehle, die möglichst wörtlich formuliert werden sollten. Nun hängt es von der Zielsetzung des Planspiels ab, ob eine Veränderung der Lage vom Ausbilder vorgegeben wird und der Lernende damit den Führungsvorgang erneut durchläuft oder das Planspiel beendet wird.

Es hat sich als zweckmäßig erwiesen, sich beim Planspiel auf die Taktikausbildung zu konzentrieren und weitergehende Diskussionen über andere Aspekte wie Fahrzeugbeladung, Eignung von Löschmitteln oder Strukturen von Gebäuden zu vermeiden. Wird nur ein Durchlauf des Führungsvorgangs gespielt, sollte ein Planspiel nicht viel länger als 30 Minuten dauern. In der Phase der Erkundung stellt das Planspiel ein Wechselspiel dar zwischen dem Lernenden, der Informationen erfragt, und dem Ausbilder, der diese Informationen gibt. In der Einsatzplanung und der Befehlsgebung kann der Ausbilder dem weniger erfahrenen Lernenden noch Hilfestellungen geben; mit zunehmendem Lernfortschritt sollten diese Teile des Führungsvorgangs jedoch weitgehend selbstständig vom Lernenden vorgetragen werden.

Vor- und Nachteile

Die Methode des Planspiels bietet – auch im Vergleich mit der Einsatzübung – folgende *Vorteile:*

- systematisches Erlernen taktischer Entscheidungen,
- bei Vorhandensein der Ausstattung wenig Aufwand zur Durchführung, kaum laufende Kosten,
- auch Behandlung real schwer darstellbarer Lagen (Massenunfall, Großbrand) möglich,
- keinerlei Sicherheits- oder Verletzungsrisiko bei den Beteiligten.

Es ergeben sich folgende *Nachteile:*

- hoher Aufwand, auch kostenmäßig, zur Beschaffung und Erstellung der Ausstattung bei der Arbeit mit Modellen,
- nur bedingt realistische Lagedarstellung möglich, Sicht auf die Einsatzstelle aus einer realitätsfremden Vogelperspektive,
- Vorgänge innerhalb von Gebäuden kaum darstellbar,
- zeitliche Fortentwicklung der Lage nur schwer darstellbar,
- Zeitablauf durch die explizite Schilderung der Einsatzplanung unrealistisch,
- Benachteiligung von weniger redegewandten Teilnehmern denkbar.

11.5 Andere Methoden der praktischen Ausbildung

Hier sollen einige andere Verfahren der praktischen Ausbildung, die bei der Feuerwehr manchmal zum Einsatz kommen, kurz beschrieben werden:

Stationsausbildung

Hierbei werden an verschiedenen Orten Stationen zu jeweils einem Thema der praktischen Ausbildung aufgebaut, wobei jede Station von einem oder mehreren Ausbildern betreut wird. Die Teilnehmer suchen in Kleingruppen wechselweise die einzelnen Stationen auf und absolvieren dort die jeweilige Ausbildung.

Bei dieser Methode wird die Ausbildungszeit sehr intensiv genutzt; weiterhin können sich die Ausbilder auf ein Thema spezialisieren. Nachteilig kann sich der hohe personelle und organisatorische Aufwand und die fehlende Bindung der Kleingruppen an einen Ausbilder auswirken.

Wettkampf

Einige Tätigkeiten können in Form eines Wettkampfes zwischen verschiedenen Gruppen eingeübt werden, wobei die Bewertung danach erfolgt, wie korrekt und schnell die Tätigkeit durchgeführt wurde. Bei der Feuerwehr wird dies insbesondere bei den sogenannten Leistungsnachweisen praktiziert (siehe Kapitel 8.1). Häufig kann die Ausbildungsgruppe durch den Wettbewerbsanreiz besonders motiviert werden, andererseits muss man manchmal die Aufwand-Nutzen-Relation bei dieser Ausbildungsform in Frage stellen.

Drillmäßiges Üben

Dabei werden bestimmte Grundtätigkeiten, deren Beherrschung im Einsatzfall lebenswichtig sein kann, solange auf Kommando des Ausbilders eingeübt, bis sie absolut sicher und selbst unter schwierigsten Bedingungen beherrscht werden. Diese Form der Ausbildung wird bei der Feuerwehr recht selten praktiziert; am ehesten kommt das Hakenleitersteigen auf Kommando (siehe Kapitel 6.3) einer Drill-Ausbildung nahe. Vorteil ist hier, dass eine drillmäßig beherrschte Tätigkeit im Extremfall Leben retten kann. Dennoch sind die Widerstände gegen derartige Ausbildungen meist hoch, da diese auf die Teilnehmer schnell eintönig und »pseudo-militärisch« wirken.

12 Ausbildungsmittel

Die Folien-Krankheit: Der Redner verzichtet darauf, die Zuhörer durch eine zusammenhängende Argumentation zu überzeugen, auf elegante Formulierungen wagt man ohnehin nicht mehr zu hoffen. Statt dessen wird der Raum in ein weihevolles und das Einschlafen förderndes Halbdunkel versetzt, und der Redner stolpert und stottert von Folie zu Folie.

Walter Volpert: »*Zauberlehrlinge – Die gefährliche Liebe zum Computer*«

In diesem Kapitel sollen die gängigsten Ausbildungsmittel Wandtafel, Overhead-Projektor, Videobeamer, Metaplanwand und Flipchart beschrieben werden. Dabei werden jeweils Hinweise zu ihrer Benutzung, insbesondere auf mögliche Fehler, gegeben und die Vor- und Nachteile aufgezeigt. In einem abschließenden Kapitel werden noch einige andere, bei der Feuerwehr weniger gebräuchliche Ausbildungsmittel kurz beschrieben.

12.1 Wandtafel

Die Wandtafel stellt das älteste und immer noch verbreitetste Ausbildungsmittel in dieser Reihe dar. Während ältere Tafeln meist eine dunkle Oberfläche aufweisen und mit Kreide – meist in weißer Farbe – beschrieben werden, sind zunehmend Tafeln mit einer weißen Oberfläche in Unterrichtsräumen zu finden, die mit speziellen Farbstiften beschrieben werden können.

Hinweise zur Benutzung

Der Ausbilder sollte bei der Nutzung von vornherein ein möglichst sauberes und übersichtliches Tafelbild anstreben. Dazu sollte auf ein klares Schriftbild, eine gute Raumaufteilung und ordentliche Zeichnungen geachtet werden. Gerade für den weniger routinierten Ausbilder kann es hilfreich sein, das Tafelbild gezielt zu planen, indem man ein DIN A4-Blatt quer vor sich hinlegt und das Tafelbild dort im Voraus skizziert. Da die Schrift auf der Tafel hinreichend groß sein muss, sollte man auch auf der Papierskizze mit entsprechend großer Schrift schreiben. Bei den meisten Menschen ist Druckschrift wesentlich besser lesbar als Schreibschrift.

Häufig ist man versucht, während des Tafelanschriebs weiter zu sprechen und dadurch zur Tafel und nicht zur Ausbildungsgruppe zu reden. Das wirkt jedoch sehr befremdend auf die Teilnehmer und sollte vermieden werden. Der Ausbilder muss lernen, die Sprechpause während des Tafelanschriebs auszuhalten und muss akzeptieren, dass er in dieser Phase die Ausbildungsgruppe nicht im Blick hat.

Vor- und Nachteile

Auch wenn manchem im Zeitalter von Notebook und Videobeamer die Tafel altmodisch erscheint, so hat sie auch heute noch ihre volle Berechtigung als Ausbildungsmittel und bietet viele *Vorteile:*

- in fast jedem Unterrichtsraum verfügbar,
- von Stromanschlüssen und sonstiger Technik völlig unabhängig,
- Darstellung von Text und Grafik möglich,
- Festhalten spontaner Gedanken möglich,
- schrittweises Entstehen des Tafelbildes,
- durch begrenzte Schreib- beziehungsweise Zeichengeschwindigkeit des Ausbilders nur mäßig viele Informationen pro Zeit, dadurch leichter nachvollziehbar.

Durch den letztgenannten Vorteil ist die Tafel für naturwissenschaftliche Themen besonders geeignet. Als erstes Beispiel sei hier der Vergleich der Molekularmasse von Atemgiften mit der sogenannten Luftzahl genannt. Entwickelt der Ausbilder den Rechengang zur Berechnung der Molekularmasse Schritt für Schritt an der Tafel, ist dies für die Lernenden wesentlich leichter nachzuvollziehen als eine geballte Darstellung des Sachverhalts auf einer Folie. Ein weiteres Beispiel wäre die Ermittlung einer resultierenden Kraft bei zwei nicht parallelen Kräften mit dem Kräfteparallelogramm. Ermittelt der Ausbilder diese zeichnerisch an der Tafel, wird der Lernende viel eher in den Stand versetzt, dies auch selber zu leisten, als bei einer Präsentation des Ergebnisses auf einer zuvor angefertigten Folie.

Natürlich weist die Tafel auch *Nachteile* auf:
- Wischen der Tafel oft unsauber,
- Tafelbild nicht wiederverwendbar,
- keine komplizierteren Grafiken möglich,
- während des Schreibens kein Blickkontakt zur Ausbildungsgruppe,

- bei Erwachsenen manchmal unangenehme Assoziationen an die eigene Schulzeit.

12.2 Overhead-Projektor

In den siebziger Jahren hat der Overhead-Projektor seinen Siegeszug durch die Unterrichtsräume angetreten. Bei diesem Gerät wird eine Transparentfolie mittels eines Systems aus einer Lichtquelle, Linsen und Spiegeln auf eine Projektionsfläche oder eine Wand projiziert. Dabei ist keine oder nur eine schwache Verdunkelung erforderlich; daher wird das Gerät auch als Tageslichtprojektor bezeichnet. Dabei kann man entweder eine bereits vorbereitete Folie verwenden oder eine leere Folie im Laufe des Unterrichts beschreiben.

Hinweise zur Benutzung

Vor der Benutzung sollte der Overhead-Projektor richtig aufgestellt und scharfgestellt werden. Für die richtige Aufstellung eines Projektors sei auf die Fachliteratur, besonders auf [1, 17] verwiesen; wichtig ist, dass der Lichtkegel möglichst die gesamte Projektionsfläche ausfüllt, dass das Bild nicht zu stark verzerrt ist und dass alle Lernenden die Projektionsfläche vernünftig einsehen können. Weiterhin muss der Ausbilder ständig darauf achten, dass er mit seinem Körper nicht die Sicht der Lernenden auf die Projektionsfläche behindert. Dies passiert besonders häufig dann, wenn der Ausbilder etwas auf der Folie zeigen will.

Bild 10: Typische Fehler mit dem Overhead-Projektor

Die häufigsten Fehler bei der Benutzung von Overhead-Projektoren sind in Bild 10 dargestellt [9]. Diese sind:

- *Schattenwurf:* Der Ausbilder wirft einen störenden Schatten auf die Projektionsfläche, weil er im Lichtkegel des Projektors steht.
- *Zeigen auf der Projektionsfläche:* Der Ausbilder will auf bestimmte Teile der Folie hinweisen und zeigt diese auf der Projektionsfläche. Dies ist eher ungünstig, weil er damit die Sicht der Teilnehmer auf die Projektionsfläche behindert und eventuell Schatten darauf wirft. Es ist günstiger, mit einem Stift oder einem anderen Zeigegerät auf der Folie zu zeigen. Der Ausbilder muss zudem darauf achten, nicht zur Projektionsfläche zu reden.

- *»Der weiße Fleck«:* Wenn der Ausbilder den Projektor nicht mehr benötigt, vergisst er, ihn auszuschalten. Dies ist störend, weil das Leuchten der Projektionsfläche einen ablenkenden Lichtreiz für die Ausbildungsgruppe darstellt.
- *»Der Folienkönig«:* Vielleicht der häufigste Fehler mit dem Overhead-Projektor: Der Ausbilder verwendet viel zu viele Folien in einer Unterrichtseinheit und kann auf die einzelnen Folien gar nicht mehr richtig eingehen. Der Lernende ist von der Informationsfülle überfordert und wird unaufmerksam. Als Faustregel kann man festhalten, dass in einer Unterrichtsstunde à 45 Minuten nicht mehr als zehn Overhead-Folien gezeigt werden sollen.
- *»Schreibmaschinenfolie«:* Der Ausbilder verwendet eine Folie mit zu kleiner und enger Schrift, die dadurch viel zu viel Text enthält. Häufig kommt dies zustande, indem der Ausbilder eine Seite aus einem Buch oder einem anderen Schriftstück kopiert, das gar nicht für die Projektion vorgesehen ist.

Da gerade der letztgenannte Fehler häufig vorkommt, soll im Folgenden auf die Gestaltung von Overhead-Folien eingegangen werden:

Grundsätzlich sollten Folien aus Gründen der Projektionsgeometrie im Querformat, nicht im Längsformat erstellt werden. Bei der handgeschriebenen Folie ist vor allen Dingen auf eine ausreichend große und klare Beschriftung zu achten. Als Faustregel gilt hier, dass eine Folie gut verwendbar ist, wenn man sie im Stehen noch gut lesen kann, wenn sie vor den Füßen des Betrachters auf dem Boden liegt. Farben stellen ein wichtiges Gestaltungsmittel für die Strukturierung der Folie und die Hervorhebung wichtiger Punkte dar [7].

Für die Gestaltung von Folien gilt folgende Grundregel, die manchmal auch als »*Sechser-Regel*« des Foliensatzes bezeichnet wird [9]:

- **Sechs** Wörter pro Zeile
- **Sechs** Zeilen pro Folie
- **Ein** Thema pro Folie

Dabei sollte die Zahl sechs nicht zu streng aufgefasst werden; im Einzelfall sind auch bis zu neun Wörter pro Zeile oder Zeilen pro Folie machbar. Allerdings sollte eine Folie in der Tat immer nur *ein* Thema behandeln.

Zunehmend werden Folien nicht mehr von Hand, sondern mit dem Computer erstellt. Auch dabei sind gewisse Grundsätze zu beachten; einige Hinweise zur Schriftgestaltung gehen aus Bild 11 hervor [17].

Der Begriff »Serife« in Bild 11 bezeichnet den kleinen Querstrich an den Buchstaben, zum Beispiel an den Füßen des »m«, die man bei einigen Schriftarten wie »Times New Roman« sieht. Als Grundregel gilt, dass man für Texte, die aus großer Entfernung, wie beispielsweise auf Projektionsflächen oder Plakaten, betrachtet werden, Schriften *ohne* Serifen wie »Arial« wählen sollte.

Für die Auswahl von Textelementen ist schon aus der »Sechser-Regel« ableitbar, dass eine Folie eher knappe Stichworte als lange Sätze zu einem Thema enthalten sollte. Darüber hinaus ist vor der Verwendung von Textelementen zu prüfen, ob die Inhalte nicht besser grafisch vermittelt werden können. Wie in Kapitel 4.2 dargestellt, fällt dem menschlichen Gehirn die Verarbeitung von Bildern leichter als die Aufnahme von Texten. Fließtexte oder größere Tabellen sind als Bestandteile einer Folie ganz ungeeignet.

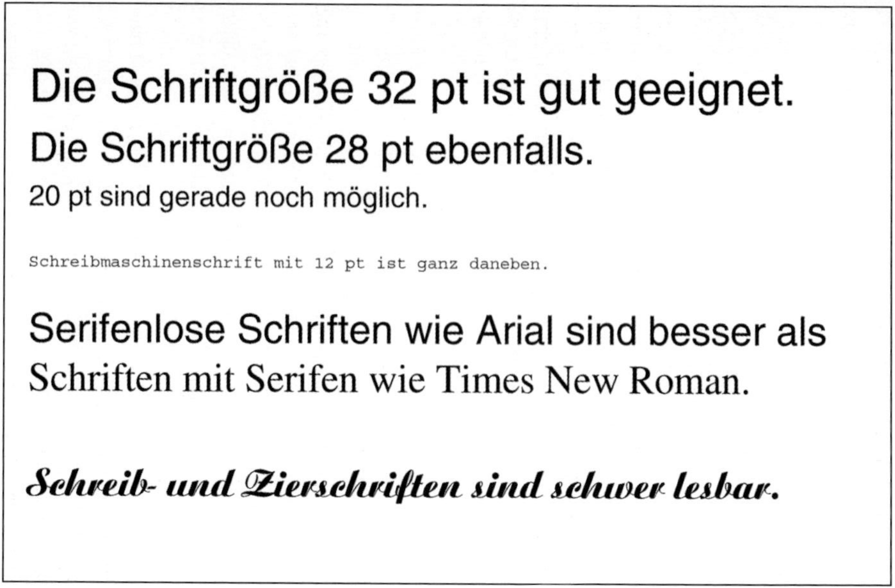

> Die Schriftgröße 32 pt ist gut geeignet.
>
> Die Schriftgröße 28 pt ebenfalls.
>
> 20 pt sind gerade noch möglich.
>
> `Schreibmaschinenschrift mit 12 pt ist ganz daneben.`
>
> Serifenlose Schriften wie Arial sind besser als Schriften mit Serifen wie Times New Roman.
>
> *Schreib- und Zierschriften sind schwer lesbar.*

Bild 11: Hinweise zur Schriftgestaltung auf Folien

Für das Gesamtbild einer Folie gilt, dass diese nicht optisch überladen wirken darf; auf Elemente, die nichts zur Aussage der Folie beitragen, sollte verzichtet werden. Schon bei der Gestaltung des Layouts sollte man diesen Grundsatz »Weniger ist mehr!« beherzigen; ein Gegenbeispiel dazu zeigt Bild 12 anhand eines Layouts von Ausbildungsfolien einer selbstverständlich rein fiktiven, frei erfundenen Feuerwehr.

Enthält eine Folie mehrere einzelne Aspekte eines Themas, die der Reihe nach angesprochen werden sollen, so können die erst später zu behandelnden Teile der Folie zunächst abgedeckt und dann nach und nach aufgedeckt werden [17]. Ob der Ausbilder mit dieser etwas schwer zu handhabenden Abdecktechnik arbeitet oder in Kauf nimmt, dass gleich alle Teile der Folie – auch die erst später anzusprechenden – zu sehen sind, ist in das Ermessen des Ausbilders gestellt; beide Methoden sind machbar.

Vor- und Nachteile

Die Arbeit mit dem Overhead-Projektor bietet natürlich viele *Vorteile:*

– Darstellung von Text und Bild möglich,
– Folien beliebig oft wiederverwendbar,
– ständiger Blickkontakt zur Ausbildungsgruppe möglich,
– keine Verdunkelung erforderlich.

Allerdings muss man sich auch die *Nachteile* deutlich machen:
– häufig Präsentation von zuviel Information pro Zeit,
– wirkt auf die Dauer ermüdend auf die Lernenden,
– Verführung für den Ausbilder, den »Folienkönig« zu spielen.

Bild 12: Beispiel für ein überladenes Layout von Ausbildungsfolien

12.3 Videobeamer

In letzter Zeit kommen auch bei der Ausbildung in der Feuerwehr immer häufiger Videobeamer zum Einsatz, die das Bildsignal eines Computers oder eines Videorecorders auf eine Projektionsfläche oder eine Wand projizieren können. Schließt man einen Videobeamer an einen Computer an, so kann man mit entsprechenden Programmen so genannte Beamer-Präsentationen zeigen, was dem Auflegen von Folien auf den Overhead-Projektor entspricht. Allerdings bietet die Beamer-Präsentation zusätzliche technische Möglichkeiten wie die Animation von Texten und Grafiken, die Überblendung von Folien und die Integration von Geräuschen und Videosequenzen. Auch beim Videobeamer ist zumindest bei lichtstarken Geräten keine Verdunkelung erforderlich.

Hinweise zur Benutzung

Die Grundsätze zur Gestaltung von Folien für den Overhead-Projektor sind sinngemäß auch auf die Beamer-Präsentation übertragbar. Hier ist allerdings zusätzlich zu beachten, dass der Ausbilder mit den erweiterten technischen Möglichkeiten der Beamer-Präsentation ganz bewusst sparsam umgehen sollte. Die Erfahrungen zeigen, dass viele Anwender der Versuchung zu Spielereien und unnötigen Effekten erliegen, die den Lernenden ablenken und stören. Der Ausbilder muss sich immer wieder klarmachen, dass das Ziel der Präsentation die Vermittlung von Ausbildungsinhalten ist, nicht die Demonstration seiner Fähigkeiten auf dem Computer.

Eine Besonderheit der Beamer-Präsentation stellt die schon angesprochene *Animation* dar, mit der Textelemente oder Grafiken automatisch nach Zeitvorgabe oder auf Mausklick ins Bild eingefügt werden können. Die Animation ersetzt damit das manchmal bei Overhead-Folien praktizierte schrittweise Aufdecken der Folieninhalte (siehe Kapitel 12.2). Gerade die Animation sollte jedoch sehr gezielt und mit Bedacht eingesetzt werden; auf Effekthaschereien wie die Animation einzelner Buchstaben oder die Kopplung mit Geräuschen sollte verzichtet werden. Ferner sollte man als Ausbilder bedenken, dass man bei einer komplizierten Abfolge der Animation in der Unterrichtssituation häufig vergisst, in welcher Reihenfolge die einzelnen Elemente auftauchen. Es macht nicht den günstigsten Eindruck auf die Lernenden, wenn der Ausbilder von seiner eigenen Animation überrascht wird. Von daher sollte man – wenn überhaupt – möglichst einfach und in großen Blöcken animieren.

Vor- und Nachteile

Gerade im Vergleich mit dem Overhead-Projektor, gewissermaßen dem technischen Vorläufer, weist der Videobeamer eindeutige *Vorteile* auf:

– schrittweises Zeigen einer Aufzählung ohne Abdecktechnik möglich,
– Änderungen weniger aufwändig,
– keine Kosten für Folienausdruck,
– stark erweiterte technische Möglichkeiten.

Aber auch hier sind *Nachteile* nicht zu übersehen:
- hoher Investitionsaufwand,
- Gefahr des Versagens der empfindlichen Technik,
- möglicherweise störende Geräusche der Kühlung des Gerätes,
- Kabelgewirr auf dem Fußboden,
- bei lichtschwachen Geräten Verdunkelung erforderlich,
- Verführung zu unnötigen optischen und akustischen Reizen.

12.4 Metaplanwand

Die Metaplanwand ist eine großflächige, tragbare Pinwand, die in einem Unterrichtsraum aufgestellt werden kann. An die Metaplanwand können Karten aus Pappe mit Nadeln angeheftet werden, die der Ausbilder entweder schon vorher erstellt hat oder spontan im Unterrichtsgeschehen beschriftet oder beschriften lässt. Diese Technik stammt – wie der Name andeutet – ursprünglich aus dem Bereich der Planung, wird aber zunehmend auch in der Ausbildung eingesetzt. Die für die Metaplanwand vorgesehenen Karten sind in verschiedenen Formen und Farben erhältlich und sollten mit dicken Faserschreibern beschriftet werden.

Hinweise zur Benutzung

Eine typische Anwendung für die Metaplanwand ist die Auswertung eines Lehrgesprächs, dessen Ergebnisse auf Karten festgehalten werden, die nach und nach auf die Metaplanwand gesteckt werden. Weiterhin kann der Ausbilder Karten und Stifte an die

Gruppe verteilen mit dem Auftrag, darauf Gedanken zu einem bestimmten Thema festzuhalten; die beschrifteten Karten werden dann an die Metaplanwand geheftet, sodass alle die Ergebnisse einsehen können. In jedem Falle sollte der Ausbilder Farben und Formen der Karten für die Strukturierung des Bildes auf der Metaplanwand nutzen; ein Beispiel dazu zeigt Bild 13. Das dort verwendete Konzept für die Verwendung von Formen und Farben ist:

- Gesamtüberschrift: langes Rechteck,
- Zwischenüberschriften: langes Sechseck,
- Einzelpunkte: normales Rechteck,
- Vorteile: dunkle Farbe,
- Nachteile: helle Farbe.

Der Ausbilder ist somit gehalten, sich vor dem Einsatz der Metaplanwand ein derartiges Konzept zu überlegen. Weiterhin ist bei der Metaplanwand zu beachten [7, 14]:

- nicht zu klein oder zu undeutlich schreiben,
- maximal drei Zeilen auf einer Karte,
- nur ein Gedanke pro Karte,
- Karten nicht zu tief anbringen (häufig sind nur die oberen zwei Drittel der Metaplanwand nutzbar).

Vor- und Nachteile

Als *Vorteile* der Metaplantechnik in der Ausbildung sind zu nennen:

- spontane oder vorbereitete Beschriftung der Karten möglich,
- Aufbewahrung und Wiederverwendung der Karten möglich,

Bild 13: Beispiel für die Gestaltung einer Metaplanwand

- Aktivierung der Lernenden möglich,
- schrittweises Entstehen des Bildes an der Metaplanwand,
- keinerlei Abhängigkeit von Technik.

Als *Nachteile* ergeben sich:
- kleine Fläche der Karten, damit nur kurze Stichworte möglich,
- Sichtbarkeit der Metaplanwand in den hinteren Sitzreihen manchmal problematisch,
- Zeitaufwand zum Abbauen nach Ende der Ausbildungseinheit.

12.5 Flipchart

Hierbei handelt es sich um ein tragbares Gestell mit einem großformatigen Schreibblock, der mit dicken Faserschreibern beschriftet werden kann (Bild 14). Meist werden die einzelnen Blätter spontan wie bei der Wandtafel beschrieben; man kann aber auch vorbereitete Blätter einlegen und nach und nach aufblättern [7, 14]. Das Flipchart wird häufig für Seminare und Gruppenarbeiten verwendet.

Es besteht auch die Möglichkeit, beschriftete Blätter des Flipchart abzunehmen und an anderer Stelle anzubringen, etwa an der Wand des Lehrsaals. Dies bietet sich zum Beispiel bei einem Ablaufplan für eine Unterrichtsreihe an, der am Anfang vorgestellt wird und dann an der Wand verbleibt, sodass sich der Lernende ständig orientieren kann, wo man sich im Unterrichtsablauf befindet.

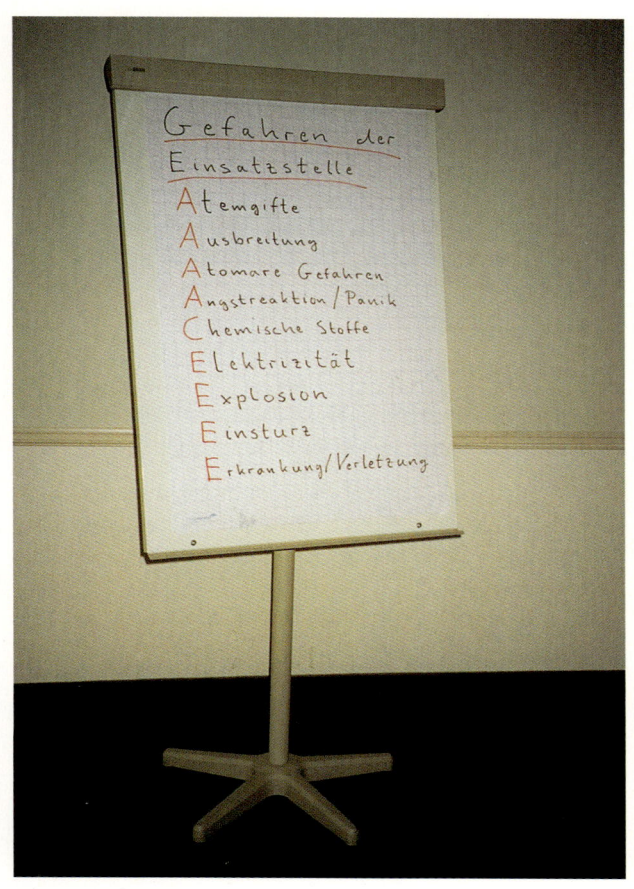

Bild 14: Flipchart

Hinweise zur Benutzung

Damit eine gute Lesbarkeit gewährleistet ist, sollte das Flipchart ausschließlich mit dicken Faserschreibern, nicht jedoch mit Kugelschreibern oder Folienstiften beschrieben werden. Auch hier ist auf eine ausreichend große, deutliche Schrift zu achten. Bei Gruppenarbeiten bietet es sich an, jeder Gruppe einige Blätter des Flipchart und passende Faserschreiber mitzugeben, die dann im Gruppenarbeitsraum zur Erstellung des Präsentationsmaterials genutzt werden können.

Vor- und Nachteile

Beim Flipchart bietet sich der Vergleich mit der Wandtafel an, wobei das Flipchart folgende *Vorteile* aufzuweisen hat:

- transportabel und damit überall verwendbar, sogar draußen,
- Aufbewahren und Wiederverwenden der Blätter möglich,
- schrittweises Zeigen durch Umblättern der einzelnen Blätter möglich,
- für vorbereitete Blätter oder zum spontanen Beschriften geeignet,
- gut für Gruppenarbeit geeignet.

Dabei sind folgende *Nachteile* anzuführen:
- kleine Fläche pro Blatt,
- Flipchart-Blätter sperrig aufzubewahren,
- im Verbrauch teuer,
- keine Korrekturmöglichkeit bei Schreibfehlern.

12.6 Andere Ausbildungsmittel

Videorecorder
Gelegentlich werden auch bei der Feuerwehr speziell für die Ausbildung hergestellte Videos zu Unterrichtszwecken gezeigt. Diese Videos sind häufig gut zur Einführung in ein Thema, zur Zusammenfassung nach dem eigentlichen Unterricht oder zur Visualisierung schwer darstellbarer Vorgänge geeignet. Ein Beispiel für den letztgenannten Aspekt wären Schulungsvideos über die patientenorientierte Rettung von Personen aus verunglückten Kraftfahrzeugen, wie sie von einigen Feuerwehren erstellt wurden. Diese Videos können einen Unterricht jedoch nicht *ersetzen*, da die Informationsdichte darin meist viel zu hoch ist und der Ausbilder keinerlei Möglichkeit zur Erfolgskontrolle hat. Wenn man ein Schulungsvideo einsetzt, ist es praktisch immer erforderlich, dessen Inhalte in einem anschließenden Lehrgespräch aufzuarbeiten. Verwendet man beispielsweise ein Video über die patientenorientierte Rettung, so kann man sich nicht auf die Vorführung beschränken, sondern sollte die dort gezeigten Inhalte, etwa die einzelnen Phasen der Rettung, noch einmal in einem Unterrichtsgespräch vertiefen. Weiterhin sollte der Ausbilder diese Phase nutzen, um auf eventuell nicht mehr aktuelle Inhalte des Videos oder Alternativen zu den dort gezeigten Vorgehensweisen hinzuweisen.

Diaprojektoren
Mit Diaprojektoren können sowohl Fotos gezeigt werden als auch speziell für die Ausbildung angefertigte Diapositive, die ähnlich wie Overhead-Folien gestaltet sind. Wegen der dafür erforderlichen Verdunkelung ist dies für Unterrichte eher problematisch.

13 Organisatorische Bedingungen

Ein jegliches hat seine Zeit, und alles Vorhaben unter dem Himmel hat seine Stunde. (Koh 3,1)

Die Gestaltung der gesamten Ausbildung, insbesondere aber die Auswahl von Ausbildungsverfahren und -mitteln, muss auf die organisatorischen Bedingungen abgestimmt sein, unter denen die Ausbildung stattfindet. Im Folgenden soll besonders auf Bedingungen eingegangen werden, die mit dem Faktor »Zeit« zusammenhängen, andere Elemente wie die Frage der Räumlichkeiten werden nur kurz angesprochen.

Bei den zeitlichen Faktoren ist die zur Verfügung stehende *Gesamtzeit* natürlich eine ganz wichtige Größe, die bei der Planung der Ausbildung zu berücksichtigen ist. Es hängt beispielsweise auch von der Gesamtzeit ab, ob ich eine zeitaufwändige Methode wie die der Gruppenarbeit überhaupt verwenden kann. Ferner ist die Gesamtzeit zu betrachten, wenn der Ausbilder festlegt, welche Elemente des Aufbauwissens (Kapitel 9.2) in die Ausbildung Eingang finden sollen.

Wie in vielen Lebensbereichen ist natürlich auch bei der Feuerwehr-Ausbildung die Zeit meist ein knappes Gut, sodass viele Ausbildungsveranstaltungen mit einem Minimum an Zeit auskommen müssen. Die Grenze des Erträglichen ist jedoch dann überschritten, wenn mit der zur Verfügung stehenden Zeit das angestrebte

Lernziel, insbesondere die gewünschte Lernzielstufe, nicht erreicht werden kann. Ist bei einer praktischen Ausbildung, bei der die Lernzielstufe »Selbstständiges Handeln« vorgegeben ist, so wenig Zeit, dass die Teilnehmer kaum Zeit zum Üben haben, so ist der Zeitansatz definitiv falsch. In diesen Fällen obliegt es dem Ausbilder, die für die Ausbildung zuständige Führungskraft in aller Deutlichkeit auf diesen Missstand hinzuweisen. Ein verantwortungsbewusster Ausbilder darf einen Ausbildungsauftrag nicht akzeptieren, wenn die vorgegebenen Ziele in der verfügbaren Zeit nicht erreicht werden können.

Auch die *Tageszeit*, zu der die Ausbildung stattfindet, spielt bei der Gestaltung der Ausbildung eine große Rolle. Wir Menschen sind nicht zu jeder Tageszeit gleich leistungsfähig; eine grafische Darstellung der Leistungsfähigkeit in Abhängigkeit von der Tageszeit nach [15] ist in Bild 15 wiedergegeben. Dort ist ersichtlich, dass wir die maximale Leistungsfähigkeit am Vormittag gegen zehn Uhr erreichen; nach dem Mittag fällt die Leistungsfähigkeit dann ab, bevor sie am frühen Abend einen zweiten Höhepunkt erreicht, der aber schwächer als der am Morgen ausgeprägt ist. In der Nacht sind wir sehr wenig leistungsfähig, mit einem Tiefpunkt etwa bei vier Uhr morgens. Zu dieser Grafik ist folgendes anzumerken: Erstens gilt diese Aussage nicht für alle Menschen, sondern gibt einen Durchschnitt wieder; bei ausgeprägten Morgen- oder Abendmenschen sieht die Kurve anders aus. Zweitens bezieht sich die Kurve vorwiegend auf die geistige Leistungsfähigkeit; die körperliche Leistungsfähigkeit erreicht eher am späten Nachmittag ihren Höhepunkt.

Diese Unterschiede in der Leistungsfähigkeit sollten natürlich bei der Erstellung von Ausbildungsplänen berücksichtigt werden. Bei

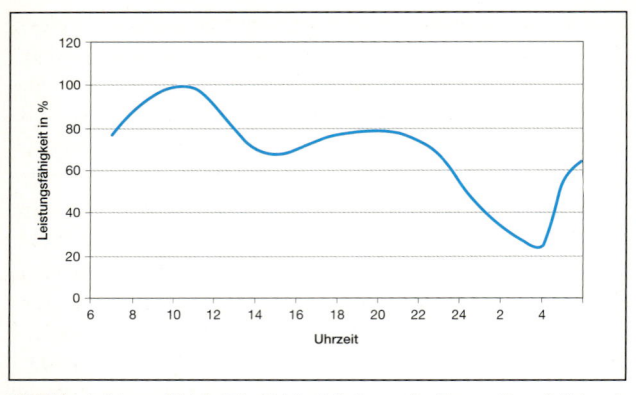

Bild 15: Leistungsfähigkeit in Abhängigkeit von der Tageszeit nach Seiwert [15]

ganztägigen Ausbildungen sollten die anspruchsvollsten theoretischen Unterrichte in den Bereich der höchsten Leistungsfähigkeit, also etwa zwischen neun und elf Uhr gelegt werden. Falls möglich, sollte der Nachmittag, wo die geistige Leistungsfähigkeit eher schwach ausgeprägt ist, für praktische Ausbildungsanteile genutzt werden.

Es fällt auf, dass im Bereich zwischen 20 und 22 Uhr, wo im Zuge der Dienstabende ein großer Teil der Ausbildung bei den Freiwilligen Feuerwehren betrieben wird, die Leistungsfähigkeit nur mäßig hoch ist. Der Ausbilder, der zu dieser Zeit tätig wird, darf daher nicht den Fehler machen, seine Gruppe zu überfordern. Es wäre jedoch die völlig falsche Schlussfolgerung, als Ausbilder die Lernenden zu »schonen«, indem man selber den aktiven Part übernimmt und einen Vortrag hält. Auch wenn der Lernende beim Vortrag scheinbar passiv dasitzt, verlangt ihm das Verfolgen eines Lehrvortrags eine geistige Höchstleistung ab (siehe Kapitel 10.1), die er in den Abendstunden nach einem anstrengenden Arbeitstag kaum noch zu erbringen vermag. Vielmehr ist es dann angebracht, mit Hilfe aktivierender Methoden den Lernenden trotz der ungünstigen Bedingungen zum Lernen zu bewegen.

Sinngemäß das gleiche gilt bei einer ganztägigen Ausbildung für die erste Unterrichtsstunde nach der Mittagspause, wo die Leistungsfähigkeit durch die vorangegangene Nahrungsaufnahme eingeschränkt ist (scherzhaft gerne als »Suppenkoma« bezeichnet). Auch hier sollte der Ausbilder versuchen, die Gruppe zunächst durch eine geeignete Aktivierung – beispielsweise die Bearbeitung eines Arbeitsauftrages in einer »Blitz-Gruppenarbeit« – aus ihrem natürlichen Leistungstief zu holen.

Für den Lernerfolg ist es förderlich, wenn sich zwischen Ausbilder und Ausbildungsgruppe ein Vertrauensverhältnis entwickelt. Dies setzt aber voraus, dass der Ausbilder eine längere Zeit mit der Gruppe verbringen kann, damit sich die Beteiligten näher kennenlernen und aufeinander einstellen können. Auch diesen Umstand sollte man bei der Planung berücksichtigen und daher für eine Gruppe so weit wie möglich immer die gleichen Ausbilder einsetzen, damit die Beteiligten miteinander vertraut werden können und wenig Reibungsverluste durch Prozesse des Kennenlernens entstehen.

Die Wahl von Ausbildungsmittel und -verfahren hängt unter anderem auch von den *Räumlichkeiten* ab, die für die Ausbildung zur Verfügung stehen. So gibt es Räume, bei denen selbst der Einsatz eines Overhead-Projektors aus Platzgründen nahezu unmöglich ist und daher nur die Wandtafel als Unterrichtsmedium in Frage kommt. Plant man eine Gruppenarbeit, so muss man vorher sicherstellen, dass dafür geeignete Räume zur Verfügung stehen.

Im Unterrichtsraum sollte eine möglichst kommunikationsfördernde Atmosphäre geschaffen werden. Dazu ist eine U-förmige Anordnung der Tische und Stühle günstiger als die Anordnung in hintereinander gestaffelten Reihen. Bei der U-Form können alle Teilnehmer Blickkontakt miteinander aufnehmen; ferner besteht nicht die Gefahr wie bei der gestaffelten Anordnung, dass der Ausbilder die hinteren Sitzreihen kaum sieht. Zu bedenken ist hier, dass bei der U-Form der Flächenbedarf größer ist und die an den Flügeln sitzenden Teilnehmer möglicherweise Probleme haben, Unterrichtsmedien wie Wandtafeln oder Projektionsflächen einzusehen.

Generell sollte sich der Ausbilder *vor* Beginn der Ausbildungseinheit davon überzeugen, dass alle organisatorischen Voraussetzungen für die Ausbildung gegeben sind. Es ist ärgerlich, wenn beispielsweise der Ausbilder erst während des Unterrichts feststellt, dass der Overhead-Projektor falsch eingestellt ist, und dies in einer zeitraubenden Prozedur nachholen muss. Der Ausbilder sollte anstreben, etwas vor Beginn der Ausbildung einzutreffen und die Ausbildungsmittel kurz auf Vollständigkeit und Funktion zu überprüfen.

14 Erfolgskontrolle

Direktor Gut, Voigt, Sie brauchen es nicht zu sagen, ich will Ihnen eine schwerere Frage stellen. Was versteht man unter einer Kavalleriedivision?
Voigt klar, ohne zu stocken Eine Kavalleriedivision ist eine selbständige Formation, welche direkt der Armee unterstellt ist und über deren Einsatz das Armeeoberkommando je nach der Lage verfügt. Sie besteht aus drei, manchmal vier Kavallerieregimentern, denen eine Abteilung berittener Feldartillerie zur Unterstützung beigegeben ist.
Direktor Bravo, Voigt! Sehr gut der Voigt! Sie haben hier ordentlich aufgepasst und auch was gelernt. Sie werden sehen, dass es Ihnen im späteren Leben einmal zu Nutzen sein wird.
Carl Zuckmayer: »*Der Hauptmann von Köpenick*«, Zweiter Akt, Achte Szene

Der Sinn von Ausbildung ist es, dass der Lernende bestimmte Kenntnisse, Fertigkeiten oder Einstellungen erwirbt, die zuvor in Form von Lernzielen festgelegt worden sind. Daher sollte spätestens am Ende einer Ausbildung eine Erfolgskontrolle stehen, mit der man überprüft, ob diese Lernziele erreicht wurden. Insbesondere bei Laufbahnlehrgängen der Feuerwehr sind dazu *Prüfungen* nach festen Vorgaben vorgesehen.

Aber auch wenn in einer Ausbildung keine Prüfung vorgeschrieben ist, sollte sich der Ausbilder davon überzeugen, dass die Ausbildungsgruppe das angestrebte Lernziel erreicht hat. Nur so können Defizite bei der zuvor absolvierten Ausbildung oder vielleicht auch bei den Vorkenntnissen der Ausbildungsgruppe erkannt und behoben werden. Diese Erfolgskontrolle muss nicht unbedingt die Form einer Prüfung haben. Bei praktischen Ausbildungen kann die Erfolgskontrolle nahezu zwangsläufig bei der Stufe »Üben« der Stufenmethode (siehe Kapitel 11.2) erfolgen; manchmal bietet sich eine Einsatzübung als umfassende Erfolgskontrolle an.

Bei theoretischen Ausbildungen kann der Ausbilder ein abschließendes Unterrichtsgespräch führen, bei dem er durch entsprechende Fragen auslotet, ob das Lernziel tatsächlich erreicht wurde. Allerdings empfinden die Lernenden eine solche Befragung zur Erfolgskontrolle häufig doch als eine Art Prüfung, mit allen damit verbundenen Nachteilen. Man kann versuchen dies zu umgehen, indem man der Erfolgskontrolle einen etwas spielerischen Charakter verleiht und beispielsweise die Befragung als eine Art Quiz durchführt.

Gerade bei Laufbahnlehrgängen oder bei speziellen Fachausbildungen sind Prüfungen zwingend vorgeschrieben. Dabei sind schriftliche, mündliche oder praktische Prüfungen möglich; häufig wird auch eine Kombination dieser Prüfungsarten verwendet. Im Folgenden werden für diese Prüfungsarten Hinweise zur Durchführung gegeben.

14.1 Schriftliche Prüfungen

Bei schriftlichen Prüfungen werden bei der Feuerwehr hauptsächlich die folgenden Arten verwendet:

- Aufsatz,
- Fragearbeit (vom Prüfer erstellte Fragen, vom Prüfling mit frei formuliertem Text zu beantworten),
- Multiple Choice (Fragen und mehrere Antwortmöglichkeiten vom Prüfer vorgegeben, der Prüfling muss die zutreffenden Antworten markieren, z. B. durch Ankreuzen).

Auf bei der Feuerwehr weniger verbreitete Arten der schriftlichen Prüfung wie etwa den Lückentext soll hier nicht eingegangen werden. Bei den einzelnen Arten ist Folgendes zu beachten:

Aufsatz
Diese Art der schriftlichen Prüfung bietet sich an, wenn man prüfen will, ob der Prüfling Zusammenhänge verstanden hat. Weiterhin sind Aufsätze sinnvoll, wenn es in der Funktion, für die der Prüfling ausgebildet wird, wichtig ist, Sachverhalte schriftlich darzustellen. Es ist unvermeidbar, dass Prüflinge, die im schriftlichen Ausdruck weniger gewandt sind, bei dieser Art der Prüfung grundsätzlich im Nachteil sind.

Bei der Themenstellung ist es wesentlich, diese eindeutig, genau und nicht zu umfassend zu formulieren. Stellt man beispielsweise bei einem Aufsatz zu »Gefahren der Einsatzstelle« ein Thema zur Gefahr der Ausbreitung, so sollte aus der Themenformulierung hervorgehen, ob nur die Gefahr der Brandausbreitung gemeint ist oder auch andere Ausbreitungsmöglichkeiten, etwa die gefährlicher Stoffe, betrachtet werden sollen.

Für die nachfolgende Bewertung sollte der Prüfer ein *Bewertungsschema* entwickeln, aus dem zu entnehmen ist, welche Elemente im Aufsatz vom Prüfling erwartet wurden, möglichst mit einer Gewichtung mittels einer Punkteskala. Es muss klar festgelegt sein, ob sprachliche Fehler (Rechtschreibung, Zeichensetzung, Grammatik, Ausdruck) in die Bewertung mit einbezogen werden. Der Prüfer sollte sich darüber im Klaren sein, dass der Aufsatz bei der Bewertung den höchsten Zeitaufwand aller schriftlichen Prüfungsarten mit sich bringt.

Fragearbeit
Bei dieser Art muss der Prüfling vom Prüfer vorgegebene Fragen mit von ihm frei formuliertem Text beantworten. Auch hier sind Prüflinge im Nachteil, deren schriftlicher Ausdruck weniger entwickelt ist, wenn auch nicht so stark wie beim Aufsatz. Der große Vorteil hierbei ist, dass man auch erfassen kann, wenn ein Prüfling einen Sachverhalt teilweise beherrscht, im Gegensatz zu Multiple Choice. Ebenso wie beim Aufsatz sollte der Prüfer auf klare und eindeutige Fragestellungen achten und auch hier ein Bewertungsschema entwickeln.

Multiple Choice
Bei dieser Prüfungsart bekommt der Prüfling Fragen mit mehreren vorgegebenen Antwortmöglichkeiten vorgelegt, wobei er die richtigen Antworten markieren, zum Beispiel ankreuzen muss. Der große Vorteil dabei liegt darin, dass die Auswertung äußerst einfach und schnell anhand eines eindeutigen Schemas vorgenommen werden kann, im Extremfall sogar maschinell. Auch das subjektive Element der Bewertung, das bei Aufsätzen und Fragearbeiten nie ganz ausgeklammert werden kann, bleibt hier völlig außen vor. Der gravierendste Nachteil der Methode besteht darin, dass die Formulierung geeigneter Fragen und Antwortmög-

lichkeiten schwierig ist und mit großer Sorgfalt durchgeführt werden muss. Insbesondere sollten die Fragen nicht so kompliziert formuliert werden, dass mehr das Sprachverständnis und das logische Denken als das Fachwissen geprüft werden. Hierzu ein Beispiel:

Frage: Welche der folgenden Aussagen über einen Stoff, der nach ADR/GGVS mit der Gefahrnummer X423 gekennzeichnet ist, sind falsch?

A) Es handelt sich um einen entzündbaren flüssigen Stoff mit einem Flammpunkt unter 23 °C.
B) Wasser darf nicht eingesetzt werden.
C) Es handelt sich um einen entzündbaren festen Stoff, der mit Wasser gefährlich reagiert und entzündbare Gase bildet.

Hier ist nur Antwort A anzukreuzen, da nur diese Aussage falsch ist. Es liegt jedoch nahe, statt dessen B und C anzukreuzen, wenn man die Verneinung in der Fragestellung übersieht. Betrachtet man die Frage und Antwortmöglichkeit B, so liegt sogar eine äußerst verwirrende doppelte Verneinung vor.

Als weitere Schwierigkeit bei der Formulierung von Multiple Choice-Aufgaben erweist sich die Erarbeitung falscher Antwortmöglichkeiten, die man als »Distraktoren« bezeichnet. Ein Distraktor muss zum einen eindeutig falsch, zum anderen aber nicht sofort selbst bei geringem Fachwissen als falsch erkennbar sein [9]. Die Konstruktion geeigneter Distraktoren erfordert häufig die meiste Mühe bei der Erstellung der Aufgaben. Vor dem Einsatz in einer Prüfung sollte ein Ausbilder seine Fragen und Antwortmöglichkeiten überprüfen, indem er sie einem anderen Ausbilder vorlegt.

Ein weiterer Nachteil liegt darin, dass man mit Multiple Choice nicht erfassen kann, ob der Prüfling einen Sachverhalt nur teilweise beherrscht. Ist auch nur eine Teilantwort falsch angekreuzt, so wird praktisch immer die ganze Frage als falsch gewertet, obwohl der Prüfling einen Teil ja richtig gemacht hat. Bewertungssysteme, die dies berücksichtigen, sind zwar theoretisch denkbar, in der Praxis aber kaum zu handhaben.

14.2 Mündliche und praktische Prüfungen

Bei mündlichen und praktischen Prüfungen muss der Prüfling von den Prüfern gestellte Fragen beantworten oder eine praktische Tätigkeit vor den Prüfern vorführen. Diese Prüfungsarten sind für den Prüfling mit einer hohen Stressbelastung verbunden, die nicht selten zum Versagen durch das Auftreten von Denkblockaden (siehe Kapitel 3.3) führt. Hier ist der Prüfer gefragt, eine möglichst angstfreie Atmosphäre zu schaffen, um die Stressbelastung der Prüflinge zu senken. Dazu ist Folgendes empfehlenswert [5]:

- Einige Zeit vor der Prüfung wird den Prüflingen der organisatorische und zeitliche Ablauf der Prüfung genau erklärt. Dies nimmt der Prüfungssituation einen Teil des Unbekannten, das häufig angstauslösend wirkt.
- Vor dem Beginn der eigentlichen Prüfung stellen sich der Prüfer und die Prüflinge gegenseitig vor, wenn sie sich nicht persönlich kennen.

- Es sollte mit leichten Fragen beziehungsweise leichten Tätigkeiten begonnen werden, um den Prüflingen am Anfang Sicherheit zu geben.
- Die Prüfung soll zeigen, was der Prüfling weiß oder kann, und nicht aufdecken, was er *nicht* weiß. Daher sollte nicht endlos nachgefragt werden, wenn ein Prüfling einen Themenbereich oder eine Tätigkeit offensichtlich nicht beherrscht.
- Die Prüflinge sollen durch eine positive Reaktion der Prüfer (Nicken, Bejahen) bestärkt werden, wenn eine Antwort richtig war oder eine Tätigkeit korrekt durchgeführt wurde.

Bei der Bewertung der Prüfungsleistung ist eine gewisse Subjektivität von Seiten der Prüfer nie ganz auszuschließen. Jeder Prüfer neigt dazu, Prüflinge, die ihm sympathisch sind, prinzipiell besser zu beurteilen als ihm weniger sympathische. Von daher sollten mündliche und praktische Prüfungen immer mindestens von *zwei* Prüfern abgenommen werden, um diesen Effekt abzuschwächen. Ferner sollte vor der Prüfung ein Maßstab festgelegt werden, nach dem die Bewertung erfolgen soll (vergleiche dazu Operationalisierung von Lernzielen in Kapitel 6.4). Im folgenden Beispiel wird angenommen, der Prüfling solle im Rahmen der Sprechfunkausbildung bei einer vorgegebenen Lage eine Rückmeldung absetzen. Eine Bewertung der Leistung mit den üblichen Schulnoten könnte nach dem folgenden Maßstab erfolgen:

Sehr gut: Die Rückmeldung ist vollständig und in der richtigen Reihenfolge.

Gut: Die Rückmeldung ist nahezu vollständig und weist maximal einen Fehler in der Reihenfolge auf.

Befriedigend: Die Rückmeldung weist kleinere Lücken auf; die Reihenfolge stimmt im Wesentlichen.

Ausreichend: Die Rückmeldung enthält nur die wichtigsten Elemente; die richtige Reihenfolge ist nur in groben Zügen zu erkennen.

Mangelhaft: Bei der Rückmeldung fehlen wichtige Elemente, die Reihenfolge stimmt nicht.

Ungenügend: In der Rückmeldung fehlt mehr als die Hälfte der wichtigen Elemente; eine sinnvolle Reihenfolge ist nicht zu erkennen.

Insbesondere müssen die Prüfer vor der Prüfung festlegen, wann eine Leistung als nicht mehr ausreichend für ein Bestehen der Prüfung angesehen werden soll. Ein Kriterium, das bei der Feuerwehr häufig anwendbar ist, besteht darin zu betrachten, wie sich der festgestellte Wissensstand oder das beobachtete Verhalten im realen Dienstbetrieb, besonders im Einsatz, auswirken würde. Würde der Prüfling mit seinem Leistungsstand sich oder andere im Einsatzfall gefährden, so muss die Prüfungsleistung als nicht ausreichend angesehen werden.

15 Handzettel für die Ausbildung

Gerade für den weniger erfahrenen Ausbilder kann es hilfreich sein, sich bei der Vorbereitung einer Ausbildungsveranstaltung an einem festen Schema zu orientieren und seine Vorbereitung anhand dieses Schemas zu dokumentieren. Dazu kann ein *Handzettel für die Ausbildung* dienen, wie er im Bild 16 am Beispiel einer Unterrichtsstunde über Schläuche vorgestellt wird [9]. Darauf werden die wichtigsten Angaben zur Ausbildung wie Lernziele, Ausbildungsverfahren und -mittel sowie ein Abriss der zu vermittelnden Inhalte festgehalten. Der Handzettel hilft dem Ausbilder dabei, seine Vorbereitung systematisch zu gestalten und keine wichtigen Aspekte außer Acht zu lassen. Ferner kann eine solche Dokumentation von Vorteil sein, wenn im Verlauf mehrerer Jahre verschiedene Ausbilder das gleiche Thema bestreiten. Anhand des Handzettels kann sich der neue Ausbilder schnell informieren, wie sein Vorgänger die Ausbildung gestaltet hat, und sich daran bei seiner eigenen Vorbereitung orientieren. Dabei sollten ihn die Vorgaben seines Vorgängers aber nicht davon abhalten, neue eigene Ideen in die Ausbildung einzubringen. Anhand derartiger Handzettel können ganze Ausbildungsgänge dokumentiert und somit eine Art von Standard geschaffen werden. Dies reduziert den Vorbereitungsaufwand für den einzelnen Ausbilder und stellt gleichzeitig eine Maßnahme zur Qualitätssicherung dar.

Fach: Gerätekunde		Thema: Schlauchkunde	
Lernziel: Der Teilnehmer kennt den sachgerechten Umgang mit Feuerwehrschläuchen.			
Ausbildungsverfahren: Lehrgespräch		Ausbildungsort: Unterrichtsraum 1	
Quellen:	FwDV 1/1 Lernunterlagen Rotes Heft 48: Lehrbücher Feuerwehrschläuche Hamilton: Handbuch Sonstige für den Feuerwehrmann	Ausbildungsmittel: Einsatzbericht Mühlenstraße Wandtafel, Overhead-Projektor B- und C-Schlauch	

Zeit (min.)	Ausbildungsinhalt	Ausbildungsmittel
5	Einleitung Motivation: Bericht über die Geschehnisse beim letzten Einsatz Lernziel vorstellen	Einsatzbericht
10 25	Hauptteil Wiederholung: Schlauchgrößen und Schlauchlängen Neue Inhalte: Umgang mit Schläuchen im Einsatz Umgang mit Schläuchen nach dem Einsatz Umgang mit defekten Schläuchen	Wandtafel, Schläuche Overhead-Projektor, Schläuche
5	Schluss Zusammenfassung der wichtigsten Grundsätze	
45		

Bild 16: Beispiel eines Handzettels für die Ausbildung

Literaturverzeichnis

[1] Birkholz, W.; Dobler, G.: *Der Weg zum erfolgreichen Ausbilder*, Edewecht 1995
[2] Bloom, B. S. u. a. (Hrsg.): *Taxonomie von Lernzielen im kognitiven Bereich*, Weinheim 1974
[3] Brokmann-Nooren, C.; Grieb, I.; Raapke, H.-D. (Hrsg.): *Handreichungen für die nebenberufliche Qualifizierung (NQ) in der Erwachsenenbildung*, Bonn 1994
[4] Cohn, R. C.: *Von der Psychoanalyse zur themenzentrierten Interaktion*, Stuttgart 1997
[5] Crittin, J.-P.: *Erfolgreich unterrichten*, Bern 1998
[6] Heimberg, F.; Fuchs, W.: *Die Ausbildung der Feuerwehren*, Britische Besatzungszone 1947
[7] Langner-Geißler, T.; Lipp, U.: *Pinwand, Flipchart und Tafel*, Weinheim 1994
[8] Peterßen, W. H.: *Handbuch Unterrichtsplanung*, München 2000
[9] Portner, D.; Kissel, D.: *Militärische Ausbildungspraxis – Lern- und Arbeitsbuch für Ausbilder*, Regensburg 1987
[10] Rempe, A.; Klösters, K.: *Das Planspiel als Entscheidungstraining*, Stuttgart 2002
[11] REFA Verband für Arbeitsstudien und Betriebsorganisation e.V.: *Methodenlehre der Betriebsorganisation – Arbeitspädagogik*, München 1989

[12] Rodewald, G.: *Experimente für den Feuerwehrunterricht*, Stuttgart 1995
[13] Schröder, H.: *Lernen – Lehren – Unterricht*, München 2000
[14] Seifert, J. W.: *Visualisieren – Präsentieren – Moderieren*, Offenbach 1997
[15] Seiwert, L. J.: *Das 1 x 1 des Zeitmanagement*, Speyer 1984
[16] Vester, F.: *Denken, Lernen, Vergessen*, München 1997
[17] Will, H.: *Overhead-Projektor und Folien*, Weinheim 1994
[18] Zielinski, J.: *Ausbildung der Ausbildenden*, Düsseldorf 1972

29 Karl Huber
    Brandschau
    3. Auflage. 88 Seiten
    € 7,–
    ISBN 3-17-012644-X

30 Jochen Maaß
    Bernd Weißhaupt
    Tierrettung
    88 Seiten. € 8,90
    ISBN 3-17-014915-6

31 Kurt Klingsohr
    **Fachrechnen
    für den Feuerwehrmann**
    6. Auflage. Ca. 120 Seiten
    Ca. € 11,–
    ISBN 3-17-017434-7

32 Hermann Dembeck
    **Gefahren beim Umgang
    mit Chemikalien**
    4. Auflage. 244 Seiten
    € 13,80
    ISBN 3-17-011277-5

33 Georg Zimmermann
    **Mechanik für die
    Feuerwehrpraxis**
    (Übungsaufgaben siehe Heft 49)
    6. Auflage. 168 Seiten
    € 9,20
    ISBN 3-17-016085-0

34 Axel Häger
    Kartenkunde
    156 Seiten. € 12,68
    ISBN 3-17-012735-7
    Durchgehend vierfarbig

35 Alfons Rempe
    Ortsfeste Feuerlöschanlagen
    3. Auflage. 120 Seiten. € 8,–
    ISBN 3-17-013204-0

36a Hans-Peter Plattner
    Gefahrgut-Einsatz
    Fahrzeuge und Geräte
    4. Auflage. 160 Seiten
    € 8,–
    ISBN 3-17-013520-1

36b Jürgen Klein
    Gefahrgut-Einsatz
    Grundlagen und Taktik
    2. Auflage. 112 Seiten
    € 9,20
    ISBN 3-17-016856-8

40 Georg Zimmermann
    **Tauchen, Wasser-
    und Eisrettung**
    3. Auflage. 176 Seiten
    € 10,–
    ISBN 3-17-013206-7

41 Kurt Klingsohr
    Frank Habermaier
    **Brennbare Flüssigkeiten
    und Gase**
    7. Auflage. 128 Seiten
    € 8,50
    ISBN 3-17-017016-3

44a Hans Schönherr
    Pumpen in der Feuerwehr
    Teil 1: Einführung in die Hydro-
    mechanik/Wirkungsweise der
    Kreiselpumpen
    4. Auflage. 112 Seiten
    € 8,–
    ISBN 3-17-015172-X

45 Heinz-Otto Geisel
    Feuerwehr-Sprechfunk
    6. Auflage. 160 Seiten
    € 8,90
    ISBN 3-17-014025-6

46 Martin Grund
Aufzüge, Fahrtreppen, Fahrsteige
3. Auflage. 172 Seiten
€ 11,50
ISBN 3-17-013522-8

47 Dieter Karlsch
Walter Jonas
Brandschutz in der Landwirtschaft
3. Auflage. 96 Seiten
€ 8,–
ISBN 3-17-012104-9

48 Heinz Bartels
Wilhelm Stratmann
Feuerwehrschläuche
2. Auflage. 72 Seiten
€ 7,–
ISBN 3-17-012568-0

49 Georg Zimmermann
Mechanik
Beispiele aus der Praxis
(Übungsaufgaben zu Heft 33)
3. Auflage. 77 Seiten
€ 7,–
ISBN 3-17-014453-7

51 Georg Zimmermann
Tiefbau- und Silo-Unfälle
4. Auflage. 84 Seiten
€ 7,–
ISBN 3-17-015549-0

53 Joachim Hahn
Horst Zacher (Hrsg.)
Begriffe, Kurzzeichen, Graphische Symbole des deutschen Feuerwehrwesens
3. Auflage. 128 Seiten
€ 8,–
ISBN 3-17-013099-4

54 Willi Döbbemann
Harald Müller
Werner Stiehl
Retten und Selbstretten aus Höhen und Tiefen
5. Auflage. 56 Seiten. € 7,–
ISBN 3-17-015167-3

55 Wolfgang Maurer
Hydraulisch betätigte Rettungsgeräte
2. Auflage. Ca. 160 Seiten
Ca. € 11,50
ISBN 3-17-016494-5

57 Siegfried Volz
Unterrichtseinheiten für die Brandschutzerziehung
132 Seiten. € 8,–
ISBN 3-17-013771-9

59 Frank Habermaier
Chemie
2. Auflage. 178 Seiten
€ 9,20
ISBN 3-17-012222-3

61 Axel Häger
Kfz-Marsch geschlossener Verbände
84 Seiten. € 7,–
ISBN 3-17-010489-6

62 Siegfried Volz
Brandschutzerziehung in Schulen
2. Auflage. 128 Seiten
€ 8,–
ISBN 3-17-014539-8

64 Erhard Ortelt
Abkürzungslexikon Feuerwehr
88 Seiten. € 7,–
ISBN 3-17-013774-3

66 Frieder Kircher
    Georg Schmidt
    Rauchabzug
    216 Seiten. € 13,80
    ISBN 3-17-013953-3
    Durchgehend vierfarbig

67 Walter Herbst
    Hygiene im Einsatz
    164 Seiten. € 10,–
    ISBN 3-17-014457-X

68 Ralf Fischer
    Rechtsfragen beim Feuerwehreinsatz
    2. Auflage. 216 Seiten
    € 11,50
    ISBN 3-17-016360-4

69 Falko Sokolowski
    Patientenorientierte technische Rettung
    248 Seiten. € 13,80
    ISBN 3-17-014581-9

70 Dietrich Ungerer
    Streß und Streßbewältigung im Feuerwehreinsatz
    108 Seiten. € 7,–
    ISBN 3-17-015173-8

71 Siegfried Brütsch
    Ulrike Mönch
    Einsatzverpflegung
    112 Seiten. € 8,–
    ISBN 3-17-015166-5

72 Klaus Thrien
    Kettensägen im Feuerwehreinsatz
    184 Seiten. € 11,50
    ISBN 3-17-015467-2

74 Rolf Wachtel
    Hans-Georg Heide
    Hubert Marxmüller
    Eisenbahnunfälle
    160 Seiten. € 11,50
    ISBN 3-17-016042-7

78 Reinhard Grabski
    Grundwissen Physik
    Ca. 150 Seiten. Ca. € 12,–
    ISBN 3-17-017542-4

80 Jochen Maaß
    Gerhard Nadler
    First Responder
    Ca. 90 Seiten. Ca. € 9,–
    ISBN 3-17-017889-X

Mengenpreise:
Ab 25 Exemplaren 5% Nachlass, ab 50 Exemplaren 10% Nachlass,
ab 100 Exemplaren 15% Nachlass. Nachlässe bei größeren Bestellungen
bitte beim Verlag erfragen!
Preise zur Zeit der Drucklegung. Änderungen vorbehalten.

Top-Informationen in BRANDSchutz-Internet

In unserem Internetauftritt finden Sie fundierte Informationen für gestandene und angehende Führungskräfte und Entscheidungsträger bei Feuerwehren, Hilfsorganisationen, in Verwaltung, Wirtschaft und Politik.

Wussten Sie, dass der **BRANDSchutz** pro Ausgabe mehr als 80 000 Leser erreicht?

www.brandschutz-zeitschrift.de – per „Klick":

- Beiträge, Nachrichten und Stellenmarkt aus dem aktuellen Heft
- zusätzliche aktuelle Nachrichten
- Termine und Veranstaltungen
- Vorstellung neuer Fachbücher und Kohlhammer-Buchkatalog
- Deutsche Feuerwehr-Zeitung: direkte Informationen des Deutschen Feuerwehrverbandes
- Kleinanzeigen
- Was stand wann im **BRANDSchutz**: Verzeichnisse zum Nachschlagen
- Geschichte
- Alles rund um den **BRANDSchutz**

W. Kohlhammer GmbH
Verlag für Feuerwehr und Brandschutz · 70549 Stuttgart

Kohlhammer

Markus Pulm

Falsche Taktik – Große Schäden

2., verb. Auflage 2002
108 Seiten, 52 Abb., Kart.
€ 16,–
ISBN 3-17-017645-5

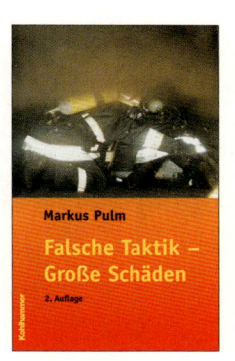

Dieses Werk lässt den Leser alle Arten von Feuerwehreinsätzen unter einem völlig neuen Blickwinkel betrachten. Bisher Selbstverständliches wird in Frage gestellt. Anhand von Beispielen wird gezeigt, wie die Qualität der Arbeit der Feuerwehr erheblich gesteigert werden kann. Das Buch versteht sich als provozierende Lektüre, die dem Leser schonungslos und eindringlich Defizite in der Einsatzentwicklung offenbart.

„Nach der Lektüre dieses Buches wird der Leser so manchen Einsatz, der als ‚gut verlaufen' galt, in einem ganz anderen Licht sehen. Damit ist diese Broschüre für die Aus- und Weiterbildung von Feuerwehrmitgliedern eine willkommene Erweiterung der Fachliteratur, die in keiner Feuerwehrbibliothek fehlen sollte."

Feuerwehrmagazin 7/2002
★★★★★

W. Kohlhammer GmbH
Verlag für Feuerwehr und Brandschutz · 70549 Stuttgart

Prendke

Lexikon der Feuerwehr

Begonnen von
Wolf-Dieter Prendke (†),
fortgeführt und herausgegeben
von Hermann Schröder
2., völlig neubearb. und
erw. Auflage 2000.
424 Seiten mit zahlreichen
Abbildungen. Kart. € 22,50
ISBN 3-17-015767-1

Das Fachlexikon gilt bereits jetzt als Klassiker der Feuerwehrliteratur. Mit nunmehr mehr als 3.000 Begriffen stellt das Feuerwehr-Lexikon ein Kompendium vor, das das inzwischen fast ausufernde Wissen der Feuerwehr und des Brandschutzes prägnant, verlässlich und verständlich erfasst.

Folgende Gebiete wurden neu aufgenommen bzw. stark erweitert: Gesetzeskunde, Rettungsgeräte, Kennzeichnung, Messtechnik und Kommunikationstechnik. Neu ist ferner die Aufnahme zahlreicher Abbildungen zu besonders wichtigen und aktuellen Bezügen z.B. bei der Sicherheitskennzeichnung, bei Feuerlöschern, modernen Löschanlagen, Geräten der Rettungstechnik.

W. Kohlhammer GmbH
Verlag für Feuerwehr und Brandschutz · 70549 Stuttgart